液化天然气采购与运输路径协同优化研究

熊小云　杨勇剑　著

中国农业出版社
北　京

图书在版编目（CIP）数据

液化天然气采购与运输路径协同优化研究 / 熊小云，杨勇剑著. -- 北京 ：中国农业出版社，2025. 4.

ISBN 978-7-109-33271-3

Ⅰ. TE626.7；TE83

中国国家版本馆 CIP 数据核字第 2025007CB4 号

液化天然气采购与运输路径协同优化研究

YEHUA TIANRANQI CAIGOU YU YUNSHU LUJING XIETONG YOUHUA YANJIU

中国农业出版社出版

地址：北京市朝阳区麦子店街 18 号楼

邮编：100125

责任编辑：何　玮　　文字编辑：李　雯

版式设计：小荷博睿　　责任校对：吴丽婷

印刷：北京中兴印刷有限公司

版次：2025 年 4 月第 1 版

印次：2025 年 4 月北京第 1 次印刷

发行：新华书店北京发行所

开本：700mm×1000mm　1/16

印张：10.5

字数：161 千字

定价：68.00 元

前言

FOREWORD

液化天然气（Liquefied natural gas，LNG）作为清洁的化石能源，对于保障国家能源安全和实现碳中和目标具有重要意义。近年来，受天然气市场化改革的影响，LNG的采购模式逐步趋于多元化。在不同采购模式下，其运输方式和特征不尽相同。因此，如何进行上游采购决策并制定高效配送方案成为天然气销售企业迫切需要解决的现实问题。然而，融合采购且具有LNG特征的车辆路径问题（Vehicle routing problem，VRP）是一项复杂的系统工程，涉及两阶段、多供应点和周期性等多维的车辆路径问题，且需要考虑气化、多车型和模糊价格等现实因素的影响。因此，构建此类现实问题模型并设计求解算法具有重要的理论意义和现实意义。

LNG的来源包括海外进口和国产LNG两种。因此，本书围绕海外进口模式和内陆多源采购模式，结合精确性算法和启发式算法等经典算法，对采购和运输路径协同优化的问题展开系统深入的研究。一是考虑海外进口模式下的LNG海陆两阶段车辆路径问题（Two-echelon VRP，TE-VRP）；二是针对内陆多源采购模式，分别考虑了近距离周期性车辆路径问题（Multi-depot periodic VRP，MDPVRP）和远距离多式联运车辆路径问题（Multi-depot multimodel VRP）。本书的主要研究内容有以下几点：

首先，针对海外进口LNG模式，对海上运输和陆上运输进行两阶段集成优化。第一阶段LNG从海外进口港运输到沿海接收站，第二阶段运至沿海接收站的LNG再通过“槽车+船”的运输模式配送给加气站。在这一运输过程中，存在槽车容量小、轮船在水域内访问受限、LNG会发生气化等现实问题。以路径成本和气化成本之和最小为目标，构建了带分批配送的LNG海陆两阶段车辆路径问题模型，设计了分支定价切割算法进行求解，并引入几类有效不等式和强分支策略强化算法性能，利用公开测试TE-VRP的数据集验证了这一算法的有效性及其加速策略的效率，采用控制变量法对参数进行了灵敏度分析，展示了两阶段集成优化模型的益处。基于长江经济带调研数据设计案例实验，通过与内陆采购模式所得结果进行对比发现进口模式运输成本较高，适用于在价格低峰进行购气储气。

其次，天然气销售企业在交易中心竞价采购LNG，购入后利用“槽车+船”的运输模式完成加气站的周期配送。考虑到价格的波动性和时空差异性对LNG采购决策产生直接影响，本书从天然气销售企业的利益出发，对LNG上游多源采购的确定、运输方式的选择、运输路径规划进行集成决策。针对该问题，第一，利用模糊理论刻画价格不确定性，并构建内陆多源采购周期性车辆路径问题模型。第二，结合问题特征，设计混合Benders分解算法，加入遗传算法、In-out benders切和切管理策略进一步提升算法效率。第三，基于随机生成的数据集，通过对比实验对算法和加速策略的有效性进行分析验证。在案例研究中，对所提出算法进行初步应用验证，并展示通过协调采购及运输方案可有效应对价格的时空差异性。

最后，LNG传统槽车运输模式仅可满足近距离的运输，而偏远液化厂的LNG往往更具价格优势。因此，为降低采购成本，在内陆多源采购的基础上，考虑应用罐式集装箱（罐箱）多式联运这一新运输模式进行远距离采购。针对该问题，本书利用模糊理论刻画价格不确定性，构建LNG多源采购和罐箱多式联运的数学规划模型。由于在多式联运中会涉及中转点的选取，这使得模型中存在耦合约束。为解决这一问题，本书提出有效处理耦合约束的混合拉格朗日松弛算法对模型进行求解，并应用公开测试MDVRP的数据集验证所提出算法的良好性能。在案例研究中，同传统槽车调度方案对比发现，罐箱多式联运模式能显著降低LNG采购及运输成本。

目录

CONTENTS

第一章 绪 论

第一节 研究背景

天然气作为清洁能源的主体能源之一，是实现国家碳减排、碳中和目标的重要战略资源。近年来，在国家一系列战略措施下，天然气消费量不断攀升。根据国家能源局印发的《中国天然气发展报告（2023）》中的数据可知，2022 年全国天然气消费量达到 3 646 亿立方米。预计到 2040 年，全国天然气消费量将升至 6 500 亿立方米，较目前消费水平提高约一倍。同时，我国天然气的勘探开发也在持续发力，2022 年，我国天然气产量已达到 2 201 亿立方米。尽管产量已较为可观，但仍难以满足国家迅速增长的巨大需求。在这一现实困境下，不得不通过增加供给来源来弥补这一需求缺口。

从供应来源看，国内天然气的供给是由进口管道气、国产气、进口液化天然气（Liquefied natural gas，LNG）组成的。进口管道气有中俄管道气、中亚管道气和中缅管道气；国产气的分布与地理分布和自然特质密切相关，主要分布于陕西、四川、新疆三个省份；进口 LNG 接收站分布在沿海地区。其中，国产气、进口管道气的供应相对刚性，进口 LNG 以宜储宜运的优势，已经成为补充需求缺口的主要来源。

未来几年，LNG 进口量在我国将保持高增长趋势。中华人民共和国海关总署发布的数据显示，2023 年，中国全年进口 LNG 7 132 万吨，已经成为世界上第二大天然气进口国。然而，因受到定价机制、资源禀赋、运输成本等因素影响，亚洲市场的天然气价格水平通常高于北美、欧洲等其他区域的天然气价格水平，表现为“亚洲溢价”。这种“亚洲溢价”不仅给相关国家造成巨大的经济损失，而且还会带来产业竞争力削弱等问题。为此，我国启动了天然气市场化改革，成立了多个天然气交易中心，目的是形成区域内定价的主导权，提升我国天然气价格的影响力。随着我国天然气市场化改革的深化，上游市场逐步开放、LNG 的基础设施对外开放程度不断提高，未来上游供应将由“以中石油、中石化、中海油为主”的市场状态逐步发展为“多元化主体参与”的竞争性市场（图 1－1），与此同时，拥有下游分销渠道的民营企业可以通过扩展产业链的方式参与上游的采购。也就是说，这些民营企业既可以从海外自主采购 LNG，也可以在天然气交易中心通过竞价的方式采购国内液化厂和 LNG 接收站的 LNG。

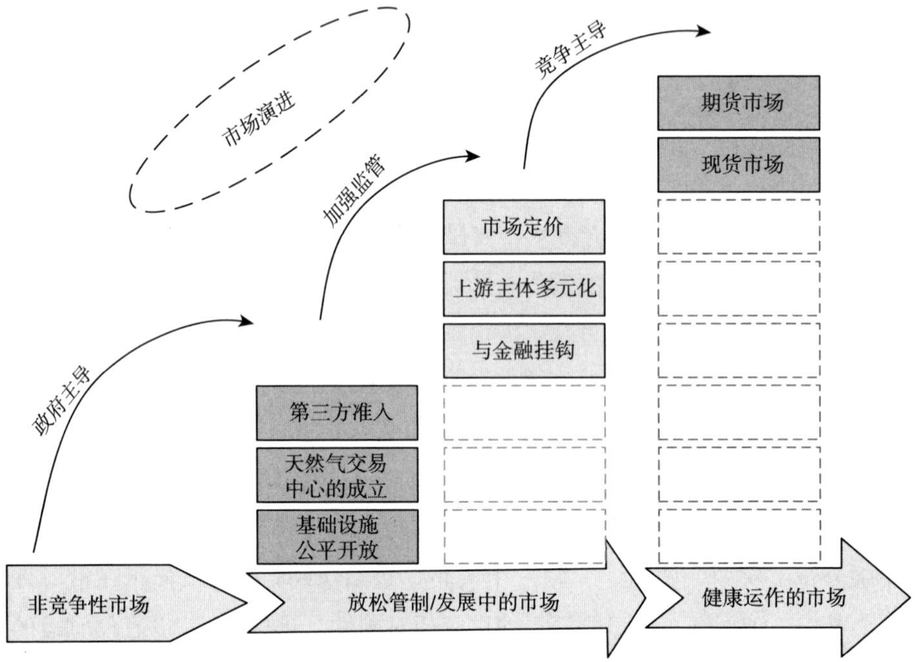

图 1－1　天然气市场演进过程图

为保证收益、提高企业竞争力，集采购、储运、销售为一体的民营企业在参与上游 LNG 采购时需要进行采购方案设计和运输方式部署。传统的决策往往是“分而治之”，即先进行采购决策，然后根据采购决策再进行下层的运输决策。但是，这种决策方式可能会因为在作采购决策时没有考虑运输距离的影响，而导致下层决策不可行或成本较高。为解决这一问题、保证整体决策最优，集成建模和协同优化是最直接的办法。还要注意到的是，天然气的运输会受到异构车型、价格不确定以及运输中的气化等多重因素的影响，这使得天然气采购与运输路径问题的协同优化成为一项非常复杂的系统工程。那么，如何为天然气销售企业构建一套系统的采购与车辆路径协同优化的方法体系，以适应不同的运输场景，成为亟待解决的一项关键科学问题。

第二节　研究问题

通过上述分析，我国天然气的市场将逐渐呈现上游主体多元化、终端用户需求日益旺盛的态势。天然气销售企业虽然拥有上游采购权，但也将面临竞争性市场。协同优化采购及运输、创新物流配送模式是 LNG 企业降低运营成本、提升竞争力的关键所在。随着天然气市场化改革的推进，采购价格具有波动性和区域差异性，且企业的采购又是多源的，既可以从海外进口，也可以在交易中心进行采购，而在不同的采购模式下需要考虑的问题特征存在差异。因此，在天然气销售公司视角下，制定一套系统的采购及运输调配优化体系需要兼顾不同运营模式的因素，并根据具体模式设定针对性的优化方案。基于此，本书从实际出发，分别针对海外进口模式、内陆近距离采购模式和内陆远距离采购模式，构建了一套系统的采购及运输调配优化系统。本书研究的三个关键问题如图 1－2 所示。

（1）海外进口模式下，针对具有多种运输方式的 LNG 两阶段路径优化问题，如何构建数学优化模型，并对优化模型进行精确求解，是一个亟待解决的问题。LNG 从海外进口，需要通过大型 LNG 船的储罐运输到沿海接收站，然后通过“槽车＋船”运输到加气站，这是一个异构车队的两阶段车辆路径问题。相较于以往两阶段车辆路径问题的研究，由车和船两种运输方式运输，船受水域限制只能访问部分点，而槽车由于容量限制，需要分批配送，并且还要考虑 LNG 运输过程中气化的影响，这些都使得问题的复杂性

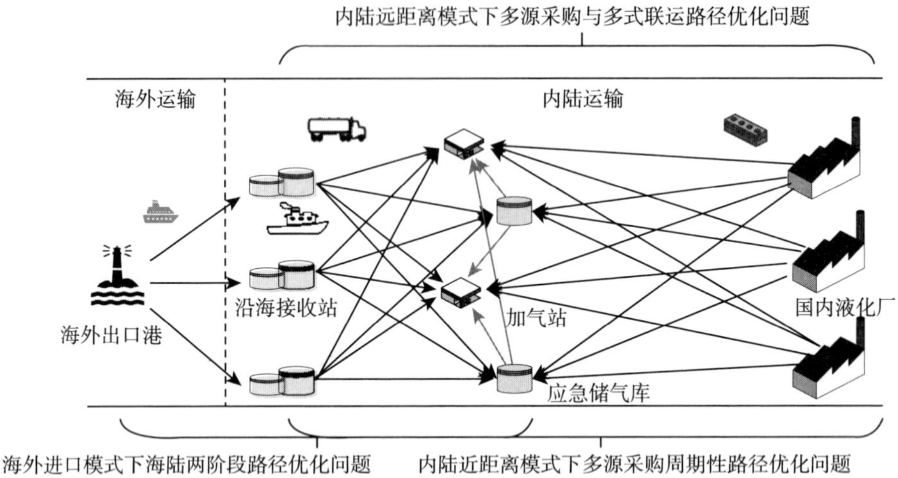

图 1-2　本书主要研究问题

急剧增加。如何构建 LNG 两阶段路径优化的数学模型并设计精确性算法求解是本书要解决的关键问题之一。

（2）内陆近距离采购模式下，由于价格具有不确定性，如何进行多源采购决策并高效完成 LNG 周期性配送，也是需要解决的问题。天然气销售企业在天然气交易中心通过竞价的方式进行采购，可以采购到 LNG 液化厂和沿海接收站的 LNG，通过“槽车＋船”将采购到的 LNG 进行周期性配送。在竞价采购中，企业需要根据以往的数据确定采购价，但价格具有不确定性和时空差异性，同时我国气源点分布广泛。因此，在多源采购及周期性车辆路径问题的优化中，如何综合考虑距离和价格的双重因素，并均衡每个加气站的库存负载，是企业实现科学决策、降本增效所面临的巨大难题。此外，在此决策中亦存在车和船异构车队的特征，容量限制和访问限制使得该问题的难度升级。因此，如何进行多源采购决策并高效完成 LNG 周期性配送是本书要解决的重要问题之一。

（3）内陆远距离采购模式下，由于价格具有不确定性，如何进行多源采购决策并利用罐箱多式联运高效完成 LNG 配送，也成为亟待解决的问题。与 LNG 的近距离采购相比，远距离采购不局限于市内和省内的采购，可能是跨市甚至跨省的，也可能是偏远地区的采购。槽车运输距离的限制不适用于该采购模式，而罐箱多式联运打破了远距离配送的运输瓶颈。LNG 罐箱多式联运通过火车和轮船从液化厂和 LNG 接收站出发运输到中转站（需要决策选取哪些加气站作为中转点），中转站通过槽车进一步配送到其余加气站。在这个多源采购及罐箱多式联运的问题中，中转站的位置、数量对运输方案和成本有巨大的影响。同时，在远距离采购决策中，价格和距离的双重因素也对采购决策产生重要影响。因此，如何进行多源采购决策并高效利用罐箱多式联运完成 LNG 配送，不仅是企业面临的现实难题，也是本书要解决的关键问题之一。

第三节　研究目的及研究意义

一、研究目的

LNG 是低碳清洁、应急调峰的重要战略资源，目前面临长距离运输和高成本运输的巨大挑战，如何进行上游采购决策并完成高效运输调配是天然气销售企业实现降本增效、提升企业竞争力的关键。本书从天然气销售企业视角出发，分别对 LNG 海外采购模式和内陆竞价采购模式的运输调配问题进行深入研究，期望为天然气销售企业提供一套系统的采购及车辆路径优化方法体系。通过研究本书期望实现以下四个目的：

（1）为海外进口模式构建 LNG 两阶段路径优化模型，设计分支定价切割算法对模型进行精确性求解，为天然气销售企业运输提供决策支持。

（2）为内陆采购模式构建 LNG 多源采购周期性路径优化模型，为求解该模型设计混合 Benders 求解算法，帮助企业竞价采购前做出科学且经济的规划。

（3）结合我国天然气资源分布不平衡的特征，考虑利用罐箱多式联运模式打破运输瓶颈，为远距离采购提供可能；构建多源采购与罐箱多式联运路径优化模型，设计混合拉格朗日算法求解，为企业提供新思路。

（4）结合现实因素设计案例研究，分别为三种采购模式设计协同优化方案和对比分析，提出有利于企业智能决策的管理启示，并为推动天然气市场化改革的政策制定者提供政策建议。

二、研究意义

LNG 运输调配问题是车辆路径问题的一类变体，与经典的 VRP 不同的是 LNG 在运输过程中有一部分会发生气化，并且在天然气市场化改革的背景下，LNG 采购和运输存在更多运营模式。然而目前的研究成果无论是在理论上还是实践上距离实现这些运营模式的采购和运输协同优化尚有较大差距。基于此，系统地开展 LNG 采购与运输路径协同优化的研究是具有重要理论和实践意义的。

在理论方面，扩展了 VRP 问题的研究视野和应用，也为 LNG 路径优化问题的求解提供了新思路。

（1）本书的研究问题具有多阶段、多供应点、周期性、阶段性气化、多种运输方式、分批配送、模糊价格等特征，涉及采购方案、配送点指派、运输工具的选择、装卸载方案、运输路径安排等决策。研究此类问题，能够为 LNG 配送领域的发展提供理论支持。

（2）研究针对不同模式下 LNG 采购和配送问题构建了数学规划模型和设计了求解算法，预期在求解本研究问题的同时，可以为其他相近的 VRP 问题提供求解思路。

在实践方面，本书迎合了天然气市场化改革背景下 LNG 采购与运输的实际情况，为天然气销售企业提供了有价值的参考。

（1）研究更加贴合实际，考虑了“槽车＋船”运输、气化、罐箱多式联运、竞价采购等现实因素，而设计的求解算法能够基本实现 LNG 采购决策和运输规划的基础功能，可为天然气销售企业提供有效的采购和配送方案。

（2）分别考虑了海外进口和内陆采购的运营模式，对采购与运输路径问题展开了较为系统的研究，天然气销售企业可以通过比较选择适合现实状况的运营模式，有助于企业充分利用现有资源达到降本增效的效果。

第四节　研究思路

本书以 LNG 采购和运输协同优化为研究主线，面向海外进口和内陆竞价采购两种运营模式，考虑不同模式下 LNG 运输的特征，如阶段性气化、两阶段、多种运输方式和分批配送等，构建数学规划模型，并针对不同模型设计求解算法，并将之应用在长江经济带的加气站等用气终端的运输调配中。本书共分为八章展开陈述，具体的研究路线和各章节的关联关系见图 1-3。

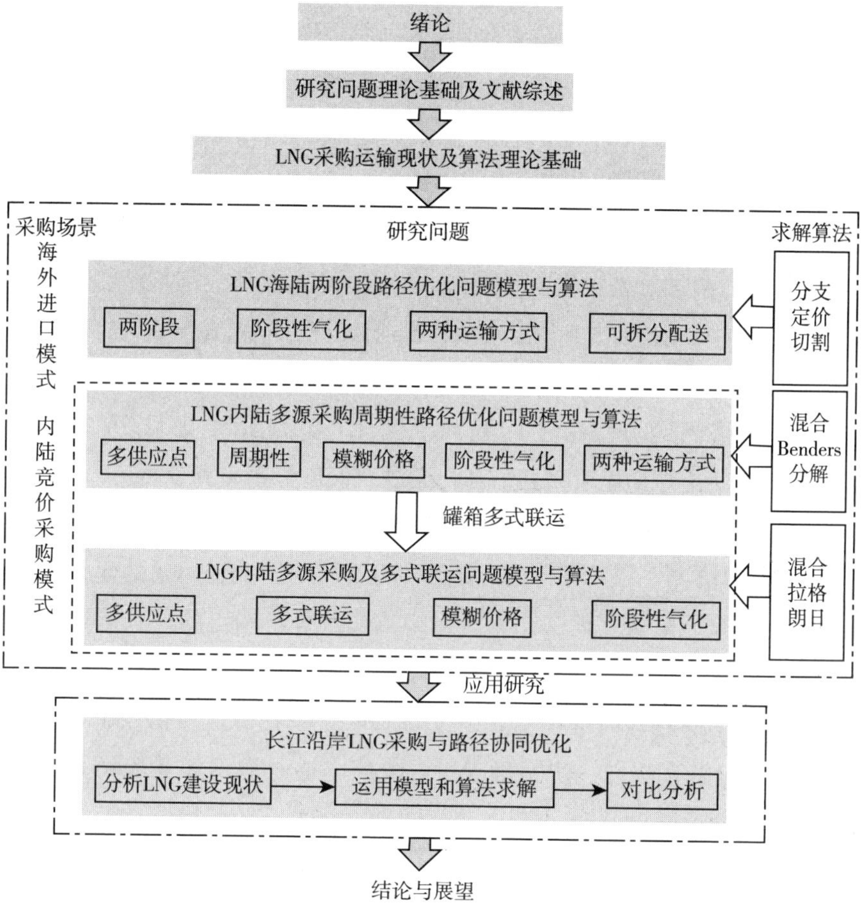

图 1-3 研究逻辑关系

第一章为绪论，介绍了研究背景、研究问题、研究目的、研究意义以及本书研究思路。

第二章为研究问题理论基础及文献综述，首先总结了 VRP 研究的变体及求解算法；然后系统梳理了两阶段 VRP、多供应点 VRP 和周期性 VRP 的建模和算法研究，凝练了复杂的 VRP 的拓展及求解算法；最后聚焦于 LNG 运输调配优化问题的研究进展，并对相关研究进行总结，提出本书的主要学术贡献。

第三章介绍了 LNG 采购运输现状及算法理论基础，一是从 LNG 的国内外贸易现状、价格、运输特点等方面进行详细的分析和总结；二是介绍了拉格朗日松弛算法、分支定价算法和 Benders 分解算法三种用于求解混合整数线性规划问题的分解算法，为后续问题的求解提供了理论支撑。

第四章为 LNG 海陆两阶段路径优化问题模型与算法。针对从海外进口 LNG 的两阶段路径优化问题，需要将海上运输和内陆运输联合优化。第一阶段，大型 LNG 船将 LNG 运输到沿海接收站；第二阶段，由“槽车＋船”从接收站配送给加气站，槽车考虑分批配送。为满足各个加气站的需求，在运输工具和接收站的容量限制下最小化运输成本、卸载成本和气化成本的成本之和。为此，构建两阶段路径优化模型并设计分支定价切割算法进行求解。该算法将问题分解为主问题和子问题，并应用子集行切、容量切、k-路切和强分支等加速策略。最终，通过数值进行实验和分析。

第五章在第四章的基础上，进一步研究了在国内天然气交易中心竞价采购 LNG 的情况，探讨了 LNG 多源采购及周期性配送问题的建模及算法设计。由于竞价采购之前采购方对最终成交价是不确定的，只能通过近期交易数据进行竞价，所以通过三角模糊数刻画价格的不确定性，构建多源采购周期性车辆路径问题模型，并设计遗传算法获得优质初始解，然后提出 Benders 分解算法进一步精确求解。最终，通过数值实验验证算法的有效性。

第六章在第五章的基础上，首先，探讨了利用罐箱多式联运运输模式克服远距离运输瓶颈的问题。同样采用三角模糊数处理采购价格的不确定性，构建多源采购和多式联运运输路径问题的数学规划模型。其次，开发了遗传算法以获得问题的初始解，并应用求解拉格朗日松弛问题的次梯度算法和局部改进策略获得可行解。最后，通过仿真算例验证了算法的有效性。

第七章为长江沿岸 LNG 采购与路径协同优化，将四、五、六章的模型和算法应用在我国长江沿岸的 LNG 需求调配的案例中，为企业在不同采购模式下设计优化方案，并通过对比分析不同需求情境下企业选择哪种采购方案是最优的。此外，根据案例分析凝练出具有实践价值的管理启示。

第八章为结论与展望，总结本书的研究工作和凝练所得到的主要结论，提出帮助企业智能决策的管理启示和给政策制定者提供政策建议，并介绍本书的不足之处和未来可研究的方向。

第二章 研究问题理论基础及文献综述

本章首先对车辆路径问题及其拓展问题进行概述和分析，总结了 VRP 及其拓展问题的求解算法。其次针对本书研究的问题特征分别对多供应点车辆路径问题、两阶段车辆路径问题、周期性车辆路径问题及 LNG 运输调配问题相关文献进行梳理。最后对该问题的研究现状进行分析和总结，得出该领域需要进一步解决的问题。

第一节 车辆路径问题相关理论基础概述

物流配送是供应链管理中的重要功能之一，涉及产品从制造工厂或供应点通过运输网络流向消费者，在运筹学相关文献中将之称为车辆路径问题。学者们对车辆路径问题的优化做了丰富的研究，不仅考虑了各种符合现实情形的车辆路径问题的变体，还进一步提出了一系列启发式算法和精确算法来求解最优运输路径方案。

一、经典车辆路径问题及拓展问题

VRP 是一类组合优化问题，最早是由 Dantzig 和 Ramser（1959）提出的。Dantzig 和 Ramser（1959）描述了该问题的具体形式，即客户需要由一些车辆来服务，且每个客户都有一定的需求，这些车辆离开仓库为网络中的客户提供服务，并在完成路线后返回仓库，在这一过程中车辆配送的总量不能超出容量限制，如图 2－1 所示，其中正方形表示仓库，圆点为客户，连接线为车辆行驶的路线。

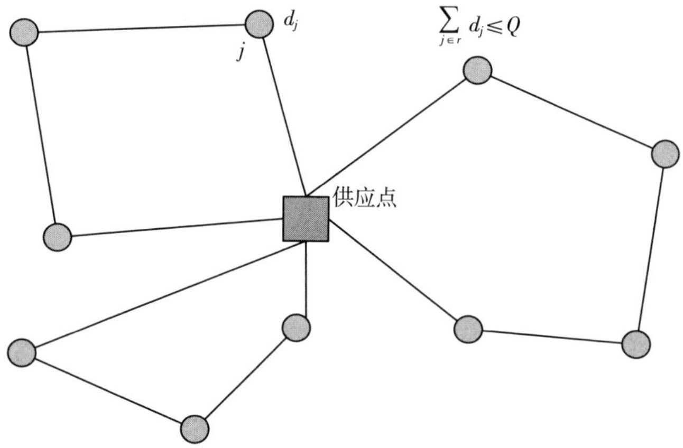

图 2-1 经典车辆路径问题示意图

经典的 VRP 是由一个有向图 $G(N, A)$ 表示，其中 $N=\{0, 1, \cdots, n\}$ 表示节点集合，A 为弧集。供应点表示为 $j=0$，客户点表示为 $j=1, 2, \cdots, n$。每个客户的需求为$d_j>0$，弧（i，j）表示路径从节点 i 到节点 j，其对应的旅行成本为$C_{ij}>0$。从复杂性的角度来看，经典的 VRP 问题是 NP-难问题，因为它可以归约为旅行商问题或背包问题，这两个问题都是众所周知的 NP-难问题。

在过去的 50 年里，VRP 的不同变体一直是研究热点（Laporte，2009）。Caceres-Cruz 等（2015）对 VRP 的研究进行了总结，VRP 的变体包括大量的现实优化问题。例如，带有时间窗的 VRP（VRPTW）问题，这是当前受关注的研究问题之一（Bräysy 和 Gendreau，2005a；Bräysy 和 Gendreau，2005b）。这些研究大多在数学模型中会考虑一个或几个约束，这就产生了许多关于 VPR 研究的分支。每一类研究都会用所考虑的约束或属性的首字母缩写标识优化问题。许多独立的分支被重新合并创建新的“基本”分支。VRP 的主要变体可以参考 Toth 和 Vigo（2002）与 Archetti 和 Speranza（2008）的研究。到目前为止，在文献中研究的最常见的 VRP 问题被描述如下：

（1）距离约束 VRP（Distance-constrained capacitated VRP，DCVRP）。一条路径的总长度不能超过最长路径长度。这个约束可以替换或补充为容量约束。

（2）带时间窗 VRP（VRP with time windows，VRPTW）。每个客户只能在某个给定的时间区间内被服务，该类问题必须考虑每个客户的旅行时间和服务时间（Ibaraki 等，2002），也可以考虑为每个客户设置一组时间窗（具有多个时间窗的 VRP）。为保持灵活性，学者们考虑具有软时间窗的 VRP，这些时间窗会存在额外的成本（Hashimoto 等，2008；Hashimoto 等，2006；符卓等，2017）。

（3）异构车队 VRP（VRP with heterogeneous fleet of vehicles，HVRP）。运输公司使用不同类型的车队，并且路经必须根据每辆车的容量来设计。运费和车辆数目的限制也会产生不同类型的问题（张诸俊，2014）。当车辆的数量是无限的，那么它被称为车队规模混合 VRP。如果特定类型的车辆由于某些原因无法服务一些客户，那么问题就变成依赖于站点的 VRP 问题。此外，如果一辆车被允许执行多次行程，那么该问题为多使用车辆的 HVRP。

（4）多供应点 VRP（Multi depot VRP，MDVRP）。一个公司可以有几个供应点服务客户。

（5）开放的 VRP（Open VRP，OVRP）。规划的路径可以在几个不同的地方结束车辆的配送（范厚明等，2021）。

（6）周期性交付 VRP（Periodic VRP，PVRP）。需要考虑好几天的运输计划（通常是每日计划）。客户可能不需要每日被访问，可以有不同的交付频率。

（7）取货与收货 VRP（Pickup and delivery VRP，PDVRP）。每个客户有两个量需要考虑：一个是交付给客户的量；另一个是需要取货送回仓库的量。此外需要加一个约束，即一条路径上的总取件量和总交付量不能超过车辆的承载能力，还必须确保在路径上任何一点，这一容量限制都不会被超过（黄粲，2017；Ropke 和 Pisinger，2014；Hoff 等，2009）。取货与送货 VRP 问题的一类变体假设客户的取件并不送回仓库，而交付给另一个客户。在某些情况下，这些车辆必须接送物品给同一个客户（同时取货和收货 VRP）。

（8）分批配送 VRP（Split delivery VRP，SDVRP）。如果能降低总成本的话，那么同一客户可以被不同的车辆访问，或者一个客户的订单量可能达到车辆的最大容量，这种问题在现实中是非常常见的。

（9）随机 VRP（Stochastic VRP）。从一个现实角度出发，考虑运输过程的随机情况。随机情形通常会出现在客户层面，如它的需求、服务时间、客户之间的旅行时间。到目前为止，这种不确定性已经成为未来发展的一个关键方向（Juan 等，2014；石建力和张锦，2018；李阳等，2017）。

通过相关文献研究可知，从这些基本的变异中产生了许多混合变异，这些都来源于现实的路径问题。还有许多新型车辆路径问题，如电动汽车运输问题（Electric vehicle routing problem，EVRP）、无人机（Unmanned aerial vehicle，UAV）配送路径问题、拨号乘车问题（Dial - a - ride problem，DARP）等。

二、车辆路径问题及其拓展问题的求解算法概述

大量研究探索求解 VRPs 的不同算法，这些算法主要包括两类：一类是纯优化方法，如利用数学规划求解中小型企业关于简单约束的问题（最多75～100 个客户）；另一类是启发式和元启发式算法，可以为带有更复杂约束的大型问题提供近似最优的解决方案。VRP 已经被研究了几十年，而且很多大规模问题已经发展了一套有效的精确优化算法、近似算法和元启发式算法（Archetti 和 Speranza，2008；Laporte，2007）。根据文献调研，可以将算法初步划分为精确性算法和近似算法，具体如图 2 - 2 所示。

精确性算法：精确方法可以获得最优解，并保证其最优性（Talbi，2009）。其中有一大类方法，可记为 Branch - and - X 类（其中 X 表示不同类型的算法），如：分支定界、分支定价、分支切割、分支定价切割。这类算法主要用于求解整数线性规划问题（Integer linear programming，ILP）和混合整数线性规划问题（Mixed integer linear programming，MILP）。Augerat 等（1995）首次提出使用分支切割算法求解车辆路径问题，该算法是指在分支定界的框架下添加有效不等式的方法。同时应用列生成和分支定界框架组成的分支定价算法也是用于求解较大规模的线性规划问题的一种实

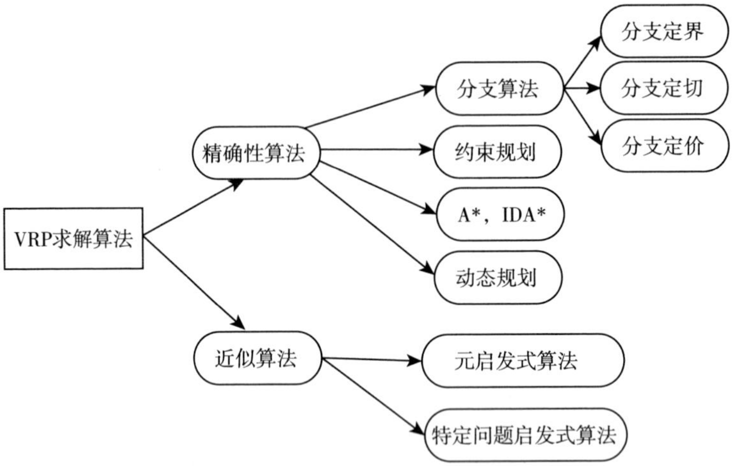

图 2-2　经典车辆路径问题求解算法

用方法，其将给定的问题分解为主问题和子问题（Desaulniers 等，2005）。约束规划包括 Benders 分解算法，它是基于当前主问题的解，通过求解子问题生成主问题的有效不等式，通过行生成的方式进行迭代求解（Belieres 等，2020）。Guimarans 等（2011）提出了一个将拉格朗日松弛算法应用于各条路径并求解 CVRP 的混合方法。此外，A^* 是一种用于求解最短路径问题的计算机算法，IDA^* 是 A^* 的一种变种方法，这两种方法与动态规划算法都是求解 VRP 的精确性算法。

近似算法：近似算法在大型问题实例中可以找到较好的解，但是，它们不能保证找到最优解。基于自然规则开发了许多元启发式算法，如遗传算法（Genetic algorithm，GA）、蚁群优化算法（Ant colony algorithm，ACO）等，都是通过生物演化机制而来的进化算法，通过模拟种群重组、变异、自然选择过程，对问题的当前解进行不断优化。另外还有基于局部搜索的元启发式算法，如禁忌搜索算法（Tabu search，TS）、变邻域搜索算法（Variable neighborhood search，VNS）和贪婪随机化自适应搜索过程（Greedy randomization adaptive search process，GRASP）以及模拟退火算法（Simulated annealing，SA）等。这些算法的核心就是从一个解移动到附近的另一个解，实现对解空间的搜索，但这涉及两个相互矛盾的目标：探索空间的多样性和利用当前最优解不断强化。这需要根据所获得的良好解确定有希望的区域，并保证访问未探索的区域，以确保搜索空间的所有区域都被均匀地探索。

启发式算法主要有节约算法（Subramanian 等，2012）、Sweep 算法（Guimarans 等，2011；Van Hentenryck，1989）、邻域改进算法（Laporte 等，2013）等，这些算法是早期求解车辆路径问题使用较多的算法，而随着算法不断优化，现多与其他算法结合使用，如应用这些算法生成初始解或者进行局部改进。

第二节 文献综述

根据问题特征，首先，分别对多供应点、两阶段、周期性三大类车辆路径问题的研究进展进行梳理；其次，对 LNG 运输调配问题的文献进行总结；最后，给出本书研究的切入点。

一、多供应点车辆路径问题

多供应点车辆路径问题是一类符合现实情境的 VRP 问题，是指由多个供应点给多个客户配送的问题。当客户明显地聚集在每个仓库周围时，这个特殊的分配网络可以用多个单独的 VRP 来求解。否则，就必须采用基于多供应点的方法，即利用现有的车队从任意一个仓库出发为客户提供服务。值得注意的一点是经典的 VRP 求解算法很难适用于此类问题。

MDVRP 可以被正式地表达为以下形式，$G=(N,A)$ 是一个有向图，其中 N 是节点集合，A 是连接任意两点的弧集。集合 N 可以进一步地被分为两个集合：$C=\{1, 2, \cdots, m\}$ 是需要服务的客户集合；$S=\{m+1, m+2, \cdots, n\}$ 是供应点集合。每个客户 $i\in C$ 有一个需求$d_i>0$，弧（i，j）对应一个距离或者旅行成本$c_{ij}>0$。有 K 辆车负责配送，容量为Q_k。MOVRP 问题需要决策配送的路径集，以达到总配送成本最小，并满足以下条件：①每辆车路径起点和终点必须是同一个供应点；②每个客户只能被一辆车访问一次；③每条路径的总需求不能超出车辆容量。两个供应点的 MDVRP

例子如图 2-3 所示。

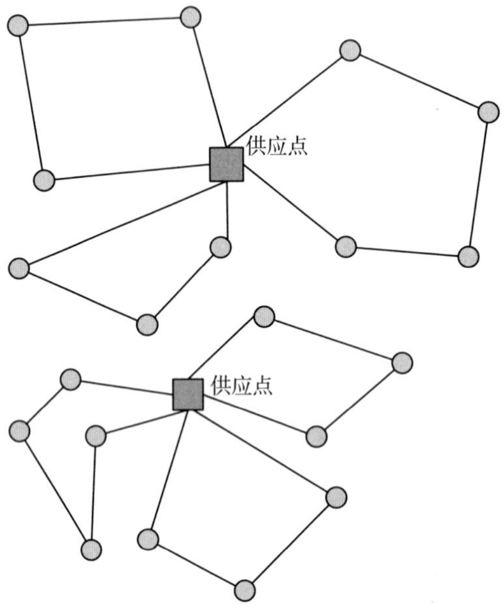

图 2-3　多供应点车辆路径问题示意图

学者们对经典的 MDVRP 及其拓展问题进行了丰富的研究，大多是来源于现实问题的应用，涉及众多领域，如"最后一公里"、无人机运输、医疗护理、废品回收等。Stenger 等（2013）研究了小包裹"最后一公里"配送的路径优化问题，这是一个由自营车队和第三方承运车队共同配送的多仓库车辆路径问题（MDVRPPC），针对该问题开发了有效的变邻域搜索算法进行求解。Detti 等（2017）解决了一个医疗护理领域的现实问题，涉及病人的非紧急运输的多站点拨号乘车问题，具有异构车队和病人与车辆兼容性约束。他们还设计了禁忌搜索算法和变领域搜索算法进行求解。Brandão（2020）探索了开放型的 MDVRP，车辆配送完货物之后不需要返回仓库。他还提出了基于记忆的局部搜索算法进行求解。Li 等（2021）对一个修正的多供应点无人驾驶飞行器路径问题（MMDUAVRP）进行研究，与经典的 MDVRP 相比，该问题没有限制无人机（UAV）出发和返回的点必须一致。其目标是最小化无人机的数量和所有无人机的总行程。他们还提出了一种基于启发式分配的混合大邻域搜索（Large neighborhood search，LNS）

对该问题进行求解。Şahin 和 Yaman（2022）研究了一个由小型货运自行车配送的多车场、多行程的车辆路径问题。由于许多城市物流不得不使用小型货运自行车完成货物的最后配送，所以公司使用异构车队和位于城市中心的多个仓库来重新装载小型车辆。针对这类问题他们提出了分支定价算法求解。

根据以上应用不难发现，MDVRP 比单仓库的 VRP 更具挑战性和复杂性，学者们针对 MDVRP 及其拓展问题设计了多种求解算法。然而由于问题的复杂性，精确性算法相较于启发式算法而言，相关研究较少，以下对不同求解算法（精确性算法和近似算法）展开综述。

（一）精确性算法

在 20 世纪 70 年代已有一些研究提到关于多供应点物品配送的问题，例如，Laporte 等（1984）为获得多供应点车辆路径问题最优解而提出正式模型和求解过程，将 MDVRP 构建为一个整数线性规划问题，并提出分支定界算法求解。Salhi 等（2014）对于异构车队的多供应点车辆路径问题（MDHFVRP）构建了一个混合整数线性规划模型。Kek 等（2008）考虑了一个固定车队取货与收货的 MDVRP 问题，同时允许在运输过程中对任何仓库进行中间访问（用于重新装载），构建了一个混合整数线性规划模型，并应用分支定界算法进行求解。

Benavent 和 Martínez（2013）与 Braekers 等（2014）提出了针对 MDVRP 的分支切割算法，前者针对 MDVRP 构建了整数线性规划模型，并引入了多个有效不等式，形成分支切割算法，实验结果表明新的有效不等式是非常有效的。后者研究了拨号乘车问题的多供应点问题，这是利用异构车型从多供应点出发完成拨号乘车服务的问题，为此设计了分支切割算法进行精确求解，与其他文献的方法相比，结果证明该算法的性能是相当好的。其他问题结构的 MDVRP 也设计了精确性算法求解，如 Contardo 和 Martinell（2014）研究了带容量限制和路径长度限制的 MDVRP（例如，路线的时间不能超过车辆的最大工作时间），构建了车流量模型和集合划分模型，车流量模型计算出的下限被用来消除不可能形成最优解的弧，从而降低了集合划分模型中定价子问题的复杂性，同时还增加了几类有效的不等式来提高算法的效率。Bettinelli 等（2011）提出了一种分支定价切割算法，用于精确解决带有时间窗和异构车辆的 MDVRP，其中运输车队由不同的容量和固定成本的车辆组成，位于不同的仓库。他们分析了不同的定价子问题求解方法和不等式策略的效果，并对它们的组合进行了实验评估。此外，多供应点的选址路径问题（MDLRP）被 Contardo 等（2014）研究，提出了一个切和列生成过程求解容量有限的情况，使用双指数模型列举了所有可能导致成本小于或等于给定上限的最佳解决方案的仓库位置子集。对于这些子集中的每一个，相应的多车场车辆路径问题通过列生成来解决。

（二）近似算法

MDVRP 作为 NP-难的组合优化问题，已经有很多学者致力于通过设计元启发式算法来有效解决大规模的 MDVRP 及其拓展问题。第一个元启发法是指 Renaud 等（1996）提出的禁忌搜索算法，用于求解有车辆容量限制和路线最长时间限制的 MDVRP。Yücenur 和 Demirel（2011）为解决经典的 MDVRP 提出了基于几何形状的遗传聚类算法。该算法与领域搜索算法进行了比较，实验结果表明，算法在集群中每个客户与每个仓库的距离方面提供了更好的聚类性能，因此大大减少了计算时间。Polacek 等（2004）提出了一种针对具有固定分布的车辆和时间窗的 MDVRP 的变邻域搜索算法。同时，Kuo 和 Wang（2012）将变邻域搜索算法应用于求解带装载成本的多车场车辆路径问题。此外，蚁群算法和遗传算法也被广泛应用于求解 MDVRP，如 Stodola（2020）研究了混合蚁群优化算法在多车场车辆路径问题中的应用；范厚明等（2021）针对开放式的分批配送且同时收发货的 MDVRP，设计了遗传算法。

之后很多研究结合两种算法或多种算法设计了新的混合近似算法求解 MDVRP，旨在发挥各种算法的优势，提供了更有效的求解算法。Liu 和 Yu（2013）提出将遗传算法、蜂群优化和模拟退火相结合来解决经典的 MDVRP。Jabir 等（2017）将环境影响纳入路径优化问题，目标是最小化两个目标，即经济成本和排放成本。为绿色运输的带容量限制的 MDVRP 构建了整数线性规划模型，开发了一种计算效率高的基于蚁群优化的元启发式算法来求解小规模实例。对于解决大规模实例，通过将其与可变邻域搜索相结合，提高了 ACO 元启发式算法的性能。Li 等（2016）提出了一种带有自适应局部搜索的混合遗传算法来求解共享供应点和带时间窗的 MDVRP。Wang 等（2021）研究了多供应点电动汽车调度问题，将列生成和遗传算法结合获得基于列生成的遗传算法，该算法与分支定价算法相较其计算时间大大缩短。Wang 等（2021）提出了混合遗传算法求解生鲜物品的 MDVRP，针对生鲜商品的易腐性和配送的及时性，设计了 K - means 多维聚类算法，并提出了结合禁忌搜索算法和非支配排序的遗传算法来求解该问题。

二、两阶段车辆路径问题

在城市物流方面，根据现实物流需求，一些学者在车辆路径问题基础上考虑了两阶段车辆路径问题（Two - echelon VRP，TE - VRP）。在过去的几年里，人们对两阶段物流系统进行了丰富的研究（Cuda 等，2015；Baldacci 等，2013；胡乔宇等，2018；魏明等，2015；王道平等，2014；Perboli 等，2011；Santos 等，2015）。两阶段物流系统主要利用中间仓库将产品从一个或多个仓库或供应商运送到最终客户（图 2 - 4）。一些研究者比较了 2E - CVRP 与单阶段 CVRP 问题的交付策略，Crainic 等（2010）研究了实例的数据参数对总分配成本的影响（例如，中间站和客户的数量及位置），之后他们进一步研究了旅行成本中包含距离以外的其他成本（即相关的固定成本、运作及环境成本等）对最优解的影响情况（Crainic 等，2012）。两项研究都表明，两阶段车辆路径问题的规划效果比只执行单阶段路径问题更

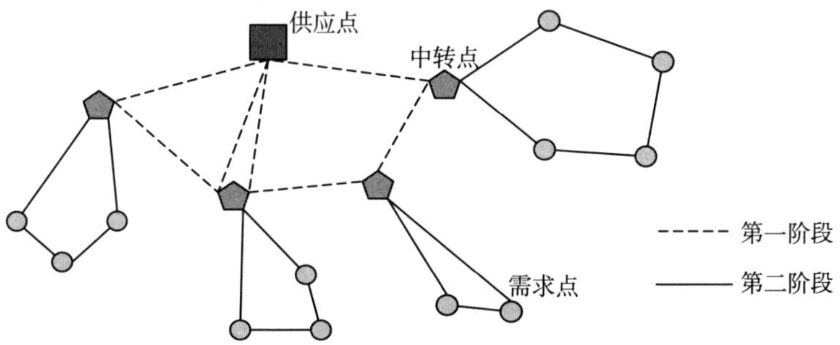

图 2 - 4　两阶段车辆路径问题示意图

优。感兴趣的读者可参考 Sluijk 等（2023）对这一领域深入的研究综述，接下来本书将从数学模型、精确和启发式求解算法方面对 TEVRP 进行详细的概述。

（一）TE－VRP 拓展问题

之前大部分 TE－VRP 问题的研究集中于它的基础问题。近几年的研究拓展了 TE－VRP，考虑了很多该问题的变体。这些变体主要源于在现实车辆路径应用中遇到的需要整合考虑的问题，如时间窗、多仓库、多种商品，以及异构车队等。Wang 和 Wen（2020）研究了带时间窗的 2E－CVRP，研究得出每个客户都有一个硬时间窗和一个软时间窗，在时间窗外交付会产生额外的成本。Li 等（2018）研究了包裹递送服务问题背景下的 TE－VRP，其假设中转点的存储容量是有限的。另一个常见扩展是考虑多仓库，也就是第一阶段是多个供应点（Zhou 等，2018）。如果问题涉及多种商品，则可以从这些仓库运输一种或多种商品（Jia 等，2023）。在经典 TE－VRP 中，第二阶段车辆负责客户的配送。Song 等（2017）和 Wang 等（2018）松弛了这一约束，允许第一阶段车辆直接从供应点给一些客户配送。Anderluh 等（2017）考虑了位于市中心以外的客户，而他们必须由第一阶段车辆直接交付。在 Anderluh 等（2021）的研究中还引入了第三组客户，第一阶段和第二阶段的车辆都可以访问，从而使得路径规划更具灵活性。虽然大多数文献假设第一阶段和第二阶段的车辆是同构的，但少数文章考虑了异构车辆（Wang 等，2024），例如，车辆容量不同或者单位运输成本不同。此外还有一些考虑了特定类型的车辆，例如，货运自行车（Anderluh 等，2021；Mühlbauer 和 Fontaine，2021）和电动汽车（Jie 等，2019）。还有部分学者考虑具有不确定性的两阶段车辆路径问题（Crainic 等，2016）。尽管对TE－VRP 变异的研究越来越广泛，但在某些方面仍然存在研究空白。例如，在经典的 TE－VRP 中，已经研究了在中转点的分批配送，但关于客户分批配送的研究仍较少，并且很少有研究会考虑从仓库到每个节点的运输时间对优化目标的影响。在本书中，考虑客户分批配送，并在 LNG 运输调配问题中将中转站的存储容量限制纳入 TE－VRP。

（二）TE - VRP 的求解算法

由于 TE - VRP 及其变体的内在复杂性，学者们投入了大量精力来开发高效的启发式和元启发式算法来解决这些问题，包括禁忌搜索算法（Zhou 等，2022）、遗传算法（Zhou 等，2024）、大邻域搜索算法（Anderluh 等，2021；Dumez 等，2023）等。TE - VRP 的精确求解方法相对较少，主要集中在求解经典 TE - VRP。在精确的求解方法中，分支定价（定切）算法得到广泛应用。

TE - VRP 的第一个精确算法是基于 Gonzalez - Feliu 等（2008）提出的初级流模型。他们提出了一种分支定切算法，是通过在第二阶段添加子回路消除约束的加强流模型，该方法只能求解 32 个客户和 2 个中转站。Baldacci 等（2013）通过将 TE - VRP 分解为有限个多供应点带容量的车辆路径问题来进行求解，第一阶段路径通过枚举法获得，然后生成可用于最优解的第一阶段的路径组合。对于每种有可能的路径组合，引入 Baldacci 和 Mingozzi（2009）提出的基于动态规划和对偶上升法的新边界过程求解相应的多供应点 CVRP，以获得有效的下界和上界。数值结果表明，所开发的求解算法能够最优求解多达 100 个客户和 5 个中转站的实例。Santos 等（2015）提出了基于路径的 TE - VRP 模型，并开发了分支定价切割算法，结合了 CVRPSEP 包、容量不等式、多星和增强的梳状不等式，以改进 Santos 等（2011）设计的分支定价算法。在他们开发的算法中，第一阶段路径是通过枚举的，而第二阶段路径则被定价为具有容量约束的最短路径问题，可以最优求解最多 50 个客户的实例。Dellaert 等（2019）研究了具有时间窗和多供应点的 TE - VRP，并开发了分支定价算法。该算法枚举了第一阶段的解，并通过列生成求解每个给定第一阶段路径的第二阶段问题，数值显示可以求解多达 100 个客户和 5 个中转站的实例。Mhamedi 等（2022）针对 Dellaert 等（2019）考虑的问题进一步开发了分支定价切割算法，该算法能够求解多达 100 个客户和 5 个中转站的实例，且求解了 41 个之前未解决的实例。

三、周期性车辆路径问题

在经典的周期性车辆路径问题（Periodic vehicle routing problem，

PVRP）中，客户要求在计划周期内的一天或多天访问，每个客户 i 都有一组可行的访问者模式集合F_i，如在一周计划周期内，一个客户被要求访问两次，且可行的访问者模式为（2，4）和（3，5），即要么周二和周四访问要么周三和周五访问，客户必须被分配到一个可行的访问者模式$f_i \in F_i$，并根据所选模式的每个时间段对客户进行访问，在计划周期内的每个时间段求解一个车辆路径问题，目标是最小化计划周期内的总旅行成本。周期性车辆路径问题是普遍存在于现实生产生活的一类 VRP 问题，学者们对其应用研究非常广泛，甚至有很多非常有趣的实际应用问题，如废品收集（Nuortio 等，2006）、彩票供货商销售（Jang 等，2006）、电梯日常维护（Blakeley 等，2003）、家庭医疗护理（An 等，2012）、数据收集（Almi'ani 等，2008）等。

（一）PVRP 拓展问题

周期性车辆路径问题是 Beltrami 和 Bodin（1974）首次在用于解决关于垃圾回收问题的论文中提出的。此后许多与 PVRP 相关的论文也比较关注垃圾和其他废品的收集，Shih 和 Lin（1999）以及 Shih 和 Chang（2001）以 PVRP 为模型，对中国台湾 384 家医院和诊所的感染性废品的收集进行了建模。除了垃圾收集之外，Claassen 和 Hendrik（2007）研究了如何改善荷兰山羊奶的收集，由于奶牛场只希望在特定的日子购买特定种类的牛奶，所以客户（奶农）和奶牛场都有可接受的访问日，为此他们构建数学规划模型设计稳定的牛奶收集计划。同样地受现实中牛奶收集和重配送问题的启发，Dayarian 等（2016）考虑到一些情况，如在计划周期内代加工产品从生产地点到一组加工厂的收集和再分配，计划周期一般为几天；收集—再分配是在每天重复进行的；供应随季节性变化，需要在整个时间区间内准备一个单一的配送计划。为此，他们提出了一个自适应的大邻域搜索算法求解该问题。PVRP 也被应用到了可口可乐产品从工厂到商店的交付中（Wasil，1987），这些司机有自己负责的区域，包括他们经常销售产品的商店，一些客户每周收到一次送货，而其他客户由于货架空间的原因，要求每周两次送货。

Cheng 等（2016）分析了碳排放政策对传统周期性车辆路径问题的影响，设计了由一个装配厂和一组分散的供应商组成的入库商品收集系统。在每个时期，车辆出发到供应商提取货物，以满足装配厂的需求，需求是确定的和随时间变化的。据此，他们构建了混合整数非线性规划模型，提出了一种基于分配和路径的混合遗传算法，以寻找这些问题的近似最优解。还有很多其他类型的应用研究，如 Lespay 和 Suchan（2022）分析了智利一家大型食品公司的一个现实的分销系统问题。该公司面临需求的高变动性使得原有 PIRP 模型无法满足其需求。因此，提出了周期性车辆路径问题的区域部署模型。该模型基于预先知道的需求保证了规划范围内每一天的可行运输计划，构建了 MILP 模型和提出了启发式算法来获得良好的解决方案。当 PVRP 进一步考虑库存管理时，便形成了周期性库存路径问题（Periodic inventory routing problem，PIRP）。相较于车辆路径问题，库存路径问题的交付量是一个决策变量，且交付的量必须满足客户的库存容量限制（Archetti 等，2011）。库存容量限制决定了在一段时间周期内需要对需求点进行补货规划。Rusdiansyah 和 Tsao（2005）研究了自动售货机补充的库存路径问题。自动售货机的送货频率的选择是为了同时最小化库存成本和旅行成本。Cui 等（2023）研究了需求不确定的 PIRP。在该问题中，库存限制在一定范围内是可违反的。他们利用服务违反指标衡量库存违反的次数和严重性，应用分布式鲁棒优化方法处理不确定需求，并提出精确性算法求解。Subramanyam 等（2021）针对客户订单不确定的 PIRP，允许在规定范围内动态接受客户订单，为了保证生成的路径可灵活地容纳尚未放置的潜在服务请求，构建了两阶段模型和提出了分支切割算法求解。

由于该问题广泛的适用性和通用性，加之问题的复杂性，已经引起了大量学者对其新的应用和更有效的解决方法进行研究。由于问题的复杂性，很多学者提出了近似算法求解 PIRP 及其变体，精确性算法相对较少。

（二）精确性算法

Russell 和 Igo（1979）给周期性路径问题命名为“分配路径问题”。在所考虑的问题中，交货时间比 Beltrami 和 Bodin（1974）提出的更灵活一点。访问频率并非给定的，而是作为决策变量，通过指定每个客户 i 在一周的不同日期S_i收到交货来确定，其中 $1 \leqslant S_i \leqslant 7$。此外，还可以有额外的规定，如一周中哪些日子是可行的，并给出了车辆数量和容量约束限制。Francis 等（2006）考虑更灵活的交货时间的 PVRP，利用拉格朗日松弛算法求解，一是把安排顾客访问频率的决策和路径优化分开，从而使问题得到松弛，产生两种不同的松弛模型；二是在拉格朗日松弛模型上使用次梯度优化，获得解的下界。在此过程中构造可行解，采用分支定界不断弥合上界和下界之间的差距。Mourgaya 和 vanderbeck（2007）开发了一个双目标的 PVRP 模型，其目标为平衡卡车司机工作量和保持区域性（使司机保持在熟悉区域的路线）。他们使用 Dantzig - Wolfe 分解方法和列生成算法来求解松弛问题，并通过启发式地探索分支定界树，对得到的解进行四舍五入，生成 PVRP 的一个可行解。Hemmelmayr 等（2013）考虑了带中间站的 PVRP，在中间站上设置了容量限制，构建了数学规划模型，并提出了一个基于变邻域搜索和动态规划结合的求解算法。

Baldacci 等（2011）在 PVRP 的精确算法上取得了重大突破，为该问题提出了一个新的整数规划模型，并提出了该模型的三种松弛法，用于生成问题的强下界。然后，他们使用这些下界和对偶解，以一种不消除最优整数解的方式来减少解空间，从而产生一个更易求解的整数规划（IP），再精确地求解 IP，实验结果表明生成的下界平均 *gap* 在 1%以内。此外，还有学者开发了分支切割算法求解 PVRP 的拓展问题，如 Rodríguez - Martín 等（2018）研究了驾驶员一致性的周期性车辆路径问题，强制每个客户在所有访问中都应由相同的车辆或司机提供服务，给出了该问题的一个整数线性规划模型，并引入了几类有效不等式，通过分支切割算法进行求解。Larrain 等（2019）研究了有工期的周期性车辆路径问题，每个客户都有一个开始日和到期日，目标是使得配送成本和延迟交付惩罚成本最小。他们提出了新的有效不等式和变邻域下降（VND）算法，嵌入分支定界算法进行局部搜索改进。

（三）近似算法

在求解 PVRP 的近似算法中最受学者关注的是 Cordeau 等（1997）提出的禁忌搜索算法。该算法还被扩展应用于周期性旅行商问题（Periodic traveling salesman problem，PTSP）和 MDVRP 问题。其广泛应用于 PVRP 的各种场景和扩展问题，主要原因在于其灵活性和扩展性。许多作者通过修改该禁忌搜索算法来求解相关应用问题，Cordeau 等（2001）修改了禁忌搜索算法求解带时间窗的 PVRP。Angelelli 和 Grazia Speranza（2002）修改了禁忌搜索算法以解决纳入中间设施的周期性车辆路径问题（PVRPIF）。而 Banerjea - Brodeur 等（1998）将其应用在优化医院内的洗衣物运送方面，在所有改进中效果最显著的是由 Hemmelmayr 等（2009）提出的可变邻域搜索（VNS）算法。

Matos 和 Oliveira（2004）设计了 PVRP 的蚁群算法，提出了一种更新信息素轨迹的新策略，利用图着色问题和交换过程，把这个好的不可行初始解转化为一个好的可行解，特别适合于解决大规模问题，该算法被应用于葡萄牙维塞乌市 202 个地方的垃圾收集系统。蔡婉君等（2014）也应用蚁群算法求解 PVRP，通过运用多维信息素和基于扫描法的局部优化方法来提高算法的性能。王颂博等（2022）应用改进蚁群算法求解带时间窗的绿色 PVRP，采用三维概率矩阵记录子问题优质解信息，设计基于信息熵的信息素更新机制进行学习和优化，并提出五种变领域搜索策略，以此提高算法的局部改进能力。此外，罗炜昊（2019）设计了遗传算法求解多商品的 PVRP，同时考虑了缺货惩罚和退货成本，该算法中巧妙地应用多个有效算子来提高算法效率，包括教育算子和需求调整算子。Vidal 等（2012）通过增加基因库中的多样性来进一步改进遗传算法，将遗传算法与局部改进相结合，创建了一种混合遗传算法，这个算法在 Vidal 等（2013）中被扩展到一些有时间窗的问题中，包括 PVRPTW 和 MDVRPTW。Qin 等（2014）提出一种启发式算法求解 PIRP，通过局部搜索策略的禁忌搜索算法求解库存和路径以得到可行解。Liu 等（2016）提出一种结合粒子群算法和大领域搜索算法的混合启发式算法来摆脱局部最优，他们的算法结果表明，算法的性能比 Qin 等（2014）提出的算法性能平均高出 10%以上。

PVRP 还有一个典型的拓展问题是多供应点周期性的车辆路径问题（MDPVRP）。Lahrichi 等（2015）探索算法之间的协作搜索作用，利用最优分解和元启发式方法，通过将它们串联起来，并在它们之间共享信息，以改进产生的解。他们将该问题分解为一组 PVRP（通过将客户分配到仓库）和一组 MDVRP（通过预先安排客户），然后利用禁忌搜索和 Vidal 等（2012）的技术以及这些子问题的初始解，为 MDPVRP 生成良好的可行解。Mancini（2016）考虑了异质车队的 MDPVRP，该问题由具有不同运力、特性（即冷藏车）和成本的车辆组成，其目标是使总交付成本最小。与经典的多供应点 VRP 不同的是，并非每个客户都可以由所有车辆或所有仓库提供服务。也提出了 MDMPVRPHF 的混合整数规划模型，并提出了一种基于自适应大邻域搜索算法进行求解。Saffarian 等（2021）为一个模糊周期性多供应点车辆路径问题构建了一个整数线性规划模型，在所提出的模型中，车辆并不用返回到它们的起始仓库中。由于真实数据存在不准确性，他们应用置信水平表示模糊变量，并将模型转化为确定性混合整数规划模型，开发一种混合遗传-模拟退火-拍卖算法（HGSA）进行求解。Wang 等（2020）讨论了一个带时间窗和服务选择的周期性车辆路径问题，这个问题是现有的带时间窗的周期性车辆路径问题和带服务选择的周期性车辆路径问题的组合。他们将其建模为一个多目标问题，并开发了一种基于改进型蚁群优化（IACO）和模拟退火（SA）的启发式算法，称为多目标模拟退火-蚁群优化（MOSA－ACO），在数值实验中比较了四个基于群体的启发式算法和 IA-CO。计算实验结果表明，MOSA－ACO 算法在解决这个问题上更有效。

基于上述的文献梳理，不难发现 MDPVRP 的研究还是比较丰富的。研究者们基于不同算法设计了各种近似求解方法，但很少有学者研究考虑采购的相关问题。采购在车辆路径问题的研究尚少，有一些学者关注到社区集体采购问题（Community grouping purchasing），发现在线社区团购源于社交团购（Zhang 等，2016）。在线社区团购运营商在每个社区指定一个团长，由团长发布团购清单，并通过社交软件（如微信）汇集居民的需求。该团长向供应商订购产品，并采用直销店模式，即供应商直接将产品运送到供应点的仓库，而供应点只负责将产品送到每个社区团长的手中，送货上门服务由团长完成。Yu 等（2022）构建了一个数学规划模型，用于求解社区团购中易腐烂产品的订单选择和带时间窗的 PVRP，并基于集合划分模型设计了分支定价算法进行求解，将之应用在中国的一个网上社区团购真实案例中。刘茜（2020）考虑了生鲜农产品社区团购定价和物流配送问题，价格和品质都很影响需求量，构建了冷链配送的团购定价模型，设计了遗传算法进行求解。Song 等（2022）研究了交付时间窗和可变服务时间的社区团购 VRP，为社区团购中的配送问题建立了车辆路径问题模型，通过利用初始可行解和邻域搜索机制改进蚁群算法，提出了一个利用改进的蚁群算法来进行求解的模型。社区团购的配送问题只考虑到一个供应点的 PVRP，通过文献分析可知，目前还未出现多供应点采购的社区团购问题研究，因此不会涉及采购决策问题。

Chiang 和 Russell（2004）在丙烷气供应链中，将采购决策考虑到运输路径问题中并进行协同优化，从供应链批发商的视角出发，构建了集合划分模型和开发了禁忌搜索算法，分别获得采购和运输路径的最优和近似解决方案，所提出的方法被应用于现实中的丙烷分配问题。Shao 等（2023）通过纳入采购决策（Procurement decision，PD）对传统的周期性库存路径问题（PIRP）进行了扩展，目标是使采购、库存和运输的总成本最小。在其研究中，正式描述 PIRP－PD 并将其建模为混合整数线性模型。他们还提出了一个混合的两阶段启发式算法来解决大规模的算例，第一阶段是决策访问时间表，第二阶段则相应地制定采购决策和车辆的运输路径方案。

四、LNG 运输调配问题

LNG 运输调配问题的优化对天然气供应链起着至关重要的作用，使公司获得更多的竞争优势。虽然早些时候已经有大量的能源供应链规划领域的研究，但是考虑实际约束的 LNG 运输优化问题的研究还是较少的（Austbø 等，2014）。这可能是由于与其他燃料相比，LNG 具有宜储宜运的优点，但也有一些缺点。例如，LNG 运输需要将其冷却到－163℃，以及储气库和 LNG 运输船等基础设施建设的成本是高昂的，这问题使得盈利变得比较困难。然而，随着天然气市场化改革的推进，中小型天然气销售公司逐渐获得更多机遇，这也意味着 LNG 运输优化是一个值得进一步研究的领域。

与一般 VRP 不同，LNG 在整个分销网络中有一定比例的天然气会被蒸发，这被称为气化。关于 LNG 的文献主要集中在海上运输问题，即 LNG 从供应商港口交付到需求港口。Grønhaug 等（2009）提出了 LNG 库存路径问题，然后开发了 BP 算法。之后大量文献进一步对 LNG 的库存路径问题进行了研究（Karbassi Yazdi 等，2019；Ríos - Mercado 和 Borraz - Sânchez，2015；Andersson 等，2016；Stålhane 等，2012；Kuby 等，2017；魏明等，2015；代雯强和杨珩，2019）。针对大型 LNG 供应商所面临的实际年度交付计划（ADP）问题，Mutlu 等（2016）对 LNG 供应链的运作和合同条款进行了详细的论述，建议采用分批配送等其他的配送方式，并提出了一种比商业求解软件更有效的启发式算法。综合数值研究结果显示，与实际中的普遍看法相反，分批配送可能会大幅降低 LNG 供应链的成本。Ghiami 等（2019）研究了 LNG 从一个接收站到多个加气站的内陆配送的库存路径问题。在该问题中，运输调度员需要考虑接收站和加气站的库存管理，以及各种车辆的调度和路径管理。接收站库存是 LNG 运输路径问题中的重要因素，控制库存水平需要考虑 LNG 在储罐中的每日恒定蒸发量。他们提出了一种结合混合整数规划模型和自适应大邻域搜索算法的求解算法。在优化过程中大量文献还考虑了 LNG 运输过程中的操作约束条件，包括泊位可用性（如 Halvorsen - Weare 和 Fagerholt，2013；Al - Haidous 等，2016；Andersson 等，2017）、船舶旅行时间（如 Agra 等，2015）、维护（如 Msakni 和 Haouari，2018）、燃料补给要求（如 Al - Haidous 等，2016；Msakni 和 Haouari，2018）以及交付的数量和时间（如 Rakke 等，2011；Zhang 等，2014；Shao 等，2015）等其他合同约束。然而，这些研究都只考虑单阶段，比如，从一个出口港配送到多个进口接收站，或者从进口接收站配送到加气站。

Alvarez 等（2020）考虑了将 LNG 作为燃料的两阶段选址路径问题，研究了在中间接收站以及从接收站到加气站的船舶和槽车的投资。新（小）接收站可能需要投资建设，以更有效地从进口港口接收站运输 LNG 到加气站，从而实现 LNG 供应链的有效运输和成本降低。他们构建了分批配送的两阶段选址路径模型，应用了一种混合精确算法求解该模型。除此之外，目前关于 LNG 陆上与海上联合运输优化的问题研究均聚焦于使用优化方法中的数学模型解决此类问题。通过文献调研可知，目前对于这类两阶段运输路径问题的数学模型，考虑了许多约束限制（如船的数量、港口停泊数量、卸载时间限制等），使得数学模型更加贴近现实（如 Bittante 等，2017；Jokinen 等，2015）。但在他们的模型中缺乏路径的优化，且陆上运输仅考虑整车配送。

除了上述提到的路径优化研究之外，还有一些文献关注于 LNG 的合同和供应商选择，LNG 的合同时间和长度、需求、价格、数量折扣、交付条款、运输成本、购买承诺都是多样化的。在海外采购前，Khalilpour 和 Karimi（2011）通过选择供应商以及合同的最佳组合方式来平衡各种成本因素，开发了一个混合整数线性规划模型，帮助买方以综合的方式选择供应商和合同的最佳组合。尽管这类研究包含了采购决策，但缺乏与路径优化的协同优化。

第三节 文献小结

首先，本章在现有研究的基础上对 VRP 的研究进行了分类，VRP 问题存在多种变体和求解算法，求解算法主要分为精确性算法和近似算法。其次，分别从问题拓展和求解算法两方面展开对多供应点 VRP、两阶段 VRP、周期性 VRP 以及 LNG 运输调配问题的研究。最后，通过文献梳理发现学者们在模型构建、算法设计以及问题拓展方面的研究都非常丰富，对本书的研究具有重要参考意义。

同时在梳理已有研究文献时发现现有研究存在一些局限性，具体可归纳为以下三点：

（1）现有研究中对 LNG 运输路径问题的研究较为单一，大多局限于海上或陆上单阶段运输路径的研究。在现实运输过程中常常需要同时考虑两阶段，并且对两阶段运输路径进行规划，这样可以更加有效地降低成本，更充分地利用基础设备。在两阶段车辆路径问题的求解算法上更多地倾向于设计和改进近似算法，精确性算法由于其难度较大、更为复杂等原因相关研究较少。但 LNG 运输成本巨大，利用精确性算法可以更为有效地减少运输成本，缩短运输时间。

（2）虽然已有部分文献对多供应点 VRP 和周期性 VRP 展开了一系列

的研究，但结合周期性和多供应点的 VRP 研究尚少，并且这类问题的复杂度高，大部分学者研究开发启发式算法求解模型，该模型可在有限时间内获得大规模问题的近似解。周期性和多供应点 LNG 配送问题具有异构车队、气化、分批配送等特征。针对这类问题的研究非常复杂，如何兼具精确性和快速性的算法设计是值得探索的问题。

（3）已有研究往往只考虑运输或者采购，但在实际生产生活中，销售公司需要同时作采购和运输配送决策。在天然气市场化改革背景下，LNG 的采购和运输的同时决策，能为天然气销售公司降本增效。大部分研究考虑的是确定性问题，对于价格不确定等随机问题的研究尚有不足，现实中许多情况都存在不确定情形，如需求不确定、旅行时间不确定等。提前考虑这些不确定性，为系统提供更为鲁棒的解决方案是非常必要的。

本书针对 LNG 采购与运输路径协同优化问题提出了适用于不同采购模式的数学模型和求解算法，应用数值实验和案例分析的方式为企业和政策制定者提供了管理启示。相较于以往的研究，本书的创新之处有以下三点：

（1）本书首次将 LNG 海上运输与内陆运输进行联合优化，并考虑了一些复杂但现实的因素，如槽车容量小、轮船在水域内访问受限、LNG 会发生气化等。以往研究大多采用启发式算法求解两阶段车辆路径问题，本书提出了基于分支定价切割的精确性算法对 LNG 两阶段车辆路径问题进行求解，并引入了 k-路切、子集行切、容量切等不等式约束和强分支策略，达到同时提高算法精度和速度的效果。研究成果帮助燃气企业提升了海外进口 LNG 的运输效率，从而降低了用气成本。

（2）针对现有研究未协同优化采购与运输路径的问题，本书将采购决策引入车辆路径问题，使得企业的整体决策最优。同时，系统地融合了价格的不确定性、气化以及“槽车+船”运输等多种特征因素。本书运用模糊理论刻画了价格不确定性，通过重构多源采购周期性车辆路径问题模型，将原模型分解为主问题和子问题，设计了结合遗传算法和 Benders 分解算法的混合算法进行求解，并应用了 In-out benders 切和切管理策略来提高算法的效率。研究成果有助于天然气销售公司充分利用附近的气源为加气站服务，并帮助企业在竞价时抢得先机。

（3）在多源采购的车辆路径问题的基础上，进一步探索了罐箱多式联运这一前沿的运输模式，使得 LNG 远距离采购成为可能，有利于发挥偏远液化厂的价格优势。本书通过结合遗传算法和拉格朗日松弛算法设计了用于求解多源采购与罐箱多式联运问题的算法。研究成果为天然气销售公司在远距离采购决策与运输规划方面提供理论支持，从而提高企业的效益，为企业在 LNG 的采购及运输模式的选择上提供新思路。

综上所知，基于 LNG 供应链的采购与运输路径协同优化的研究具有重要的理论和实际意义。本书接下来将分别对 LNG 海陆两阶段运输路径优化问题、LNG 内陆多源采购周期性路径优化问题以及多源采购和多式联运优化问题构建数学模型和设计精确性求解算法。

第三章 LNG采购运输现状及算法理论基础

第一节 LNG 采购运输现状分析

全球天然气总探明储量大、资源存量丰富，主要集中在中东地区和独联体国家，其中俄罗斯、伊朗、卡塔尔是天然气储量最多的三个国家。天然气消费量较大的亚洲地区总探明储量在全球占比约 7. 81%。由于天然气存在严重的供需不平衡的问题，致使全球天然气贸易呈现错综复杂的关系。在国际贸易中，LNG 供给方主要在中东和欧亚区域，澳大利亚、卡塔尔和美国为主要出口国，进口方主要在亚洲地区，其中进口量排名前两位的是中国和日本，而且在新兴经济体中，消费量增加较大的国家主要为中国。

传统的 LNG 上游采购大多以长期贸易合同为主，但目前全球的 LNG 进出口国更趋于多元化，短期和现货贸易愈加活跃，贸易主体也逐步趋于多元化。根据《中国天然气发展报告（2023)》数据可知，2022 年全球短期和现货贸易占比达到 29.8%。此外，现货 LNG 价格受多重因素影响，存在巨大的波动，正如 2020—2022 年国际 LNG 的现货价，每吨价格区间在 2 000～9 000 元来回震荡。

国内 LNG 的供给是由国产气、进口 LNG 组成的。国产天然气分布在西北和西南地区，沿海接收站主要分布在华南和华东区域，而天然气消费主要集中在华中、华北和华南区域，存在严重的供需不平衡的问题。

LNG 供需缺口大根本原因是需求量的不断攀升。原来以“三桶油”为主的上中下游一体化的运营模式已经无法应对如此巨大的 LNG 需求市场。

因此，我国启动了天然气市场化改革，利用市场化的手段进行资源配置，提出放开上游、基础设施对外开放、放松价格管制等一系列政策措施。近几年，接收站陆续对外公平开放了部分剩余窗口期。客户购买了窗口期产品后，可实现在规定的时间段内购买海外 LNG，并利用接收站完成转运，这也为其他民营企业进入上游市场采购提供了可能。

上海、重庆、深圳、浙江等地已先后成立了天然气交易中心。交易中心是连接 LNG 产业链上的液化厂、LNG 接收站、城市燃气等各节点之间的枢纽，也是通过市场竞争机制调整供需的重要工具。因此，天然气销售企业的采购途径扩展为：既可以通过海外自主进口 LNG，也可以在天然气交易中心采购国内液化厂和 LNG 接收站的 LNG。

天然气交易中心目前有挂牌交易和竞价交易两种交易机制。挂牌交易是指挂牌方在交易中心发布交易信息（价格及交易条件等），由摘牌方摘牌，再通过双方协商的方式进行的交易。而竞价交易是由卖方（或买方）在交易中心对外发布价格及交货地点等信息，买方（或卖方）对其进行报价，按照最优价和报价先后的原则，以买方最高（或卖方最低）价进行的交易。

根据上海天然气交易中心的数据，2022 年 9 月 LNG 价格基本为每吨 6 500～7 500 元。沿海接收站的价格偏高，而液化厂的价格较低为每吨 5 800～6 500 元。此外国内 LNG 价格深受国际 LNG 现货价格的影响，不同时间的价格存在一定的波动。因此，LNG 的价格存在时空和区域差异，价格在一定范围内变化，具有不确定性。

运输是实现 LNG 贸易往来必不可少的环节。对 LNG 现有的运输工具和运输的特点进行分析，可以为企业智能决策提供现实依据。LNG 是天然气冷却到－162℃下形成的液态形式，需在极低温度下进行运输，因此运输需要采用特定的运输工具。在国际上，由于 LNG 的贸易量庞大，基本使用 LNG 大型运输船进行运输。我国目前用于 LNG 运输的有 LNG 槽车、小型 LNG 运输船和 LNG 罐箱多式联运。LNG 需求主体多样化，不同主体的需求量存在巨大的差异，这给 LNG 的运输调配增加了不少难度。LNG 在运输过程中有一部分会被蒸发掉，这被称为气化，气化量的计算在 LNG 中是一项复杂的工程。

（1）LNG 槽车的运输特点。LNG 槽车具有运输灵活、宜储宜运等特点，是我国普遍使用的 LNG 分销模式，广泛应用于 LNG 液化厂和接收站的分销网络。但同时 LNG 槽车也存在容量小、经济性不高的问题。

（2）小型 LNG 运输船的特点。LNG 小型运输船较之槽车更具经济性，但受建设成本和水资源限制，在国内应用较少，在日本和挪威应用较为广泛，主要从事于日本的国内短途 LNG 运输和日本与马来西亚及印度尼西亚之间的国际运输。但随着需求量的不断增长，“槽车＋船运”的运输模式逐步成为我国 LNG 的主要运输方式。

（3）LNG 罐箱多式联运的特点。LNG 罐式集装箱多式联运是目前前沿的运输模式，以罐式集装箱作为 LNG 多式联运一体化的容器，通过火车、货船及汽车等运输工具的结合完成运输。这一运输方式以单次运输量大、单位运输成本低的优势在许多发达国家得到广泛应用。在我国目前也成功完成了 LNG 罐箱多式联运的多次试点运输。该模式打破了我国南气北运的运输瓶颈。

（4）LNG 下游市场多样化、需求差异大。LNG 下游主要包括加气站、加注站、应急调峰储气库和一些管网未覆盖的地区，这些需求点均具有一定容量的储气罐。加气站和加注站主要用于车船加气。加气站往往建于加油站和公路附近，分布较为密集且储气罐较小，因此需求量较少，常常需要日度和周度的配送计划。加注站则建于内河沿岸，储气罐和需求量较之加气站更大。应急调峰储气库用于城市的资源调峰，弥补需求高峰时管道气的缺口，因此储气库体积较大，需求量也比较大。为增加可读性，本书后续章节将下游的需求点统称为加气站。

（5）运输中的气化。为了保障车和船在行驶中有足够的量可以完成运输，而不会耗尽 LNG（耗尽则要重新冷却再运输），需要将 LNG 气化纳入优化。根据基本的实际规划问题，可以采取不同的假设。在一些文献中，学者们提出了测量气化量的依据和方式。有些学者认为，LNG 气化率是基于 LNG 罐容量（或初始 LNG 数量）的，因为运输船在离开提货港时通常是满载的。一些研究者则认为，LNG 气化量是以储箱余量的一个百分比蒸发的。为此，一些学者为了区别空载（当船舶几乎是空的，驶向 LNG 的提货港时）和装载（当LNG船舶满载时）的航行，为空载航行指定较低的气化比率。本书为精确地计算气化量，考虑了阶段性气化，即根据行驶距离和车船在行驶中储罐中的剩余容量来计算气化量，这有利于企业获知这部分的成本影响。

据调研，目前我国LNG分销运输大部分都是采用槽车的运输方式。由于具有灵活、宜储宜运的特点，LNG分销运输采用槽车运输方式，而这种运输方式在未来仍将是我国LNG分销市场的主要运输模式。但随着公路运输成本的（主要是油价及路费）的持续上涨以及受到运输时长等因素的制约，业界也在不断积极探索将LNG通过“槽车＋船”和罐箱进行多式联运这些低成本、高运量的新运输模式作为槽车运输方式的补充。

第二节 混合整数线性规划问题的分解算法介绍

一、拉格朗日松弛算法

拉格朗日松弛算法是求解组合优化问题的一类方法。一些优化问题由于存在耦合约束，所以在问题求解时会遇到。拉格朗日松弛算法通过将耦合约束以类似于惩罚项的形式松弛到目标中，来将原问题转化为没有耦合约束的松弛问题。其通过调整拉格朗日乘子，不断迭代求解松弛问题，从而更新最小化（最大化）问题的下界（上界）。

基于一个整数规划模型，给出拉格朗日松弛问题及拉格朗日对偶问题，并说明它们之间的相互关联。考虑如下整数规划模型：

$$z_I = \min \boldsymbol{c}^{\mathrm{T}} x \tag{3-1}$$

s. t.

$$Ax \geqslant b$$

$$x \in X \subseteq \mathbf{Z}_+^n$$

式中，$c \in \mathbf{R}^n$，$A \in \mathbf{R}^{m \times n}$，$b \in \mathbf{R}^m$。

根据问题结构，将约束集合 $Ax \geqslant b$ 划分为两类子约束，分别为难处理的约束$A_1 x \geqslant b^1$和容易处理的约束$A_2 x \geqslant b^2$。将难处理的约束条件作为一个惩罚项放到目标中，令 $\lambda \in \mathbf{R}_+^p$ 为惩罚系数，那么模型被松弛为：

$$z_{LR}(\lambda) = \min \mathbf{c}^{\mathrm{T}} x + \boldsymbol{\lambda}^{\mathrm{T}}(b^1 - A_1 x) \tag{3-2}$$

s. t.

$$A_2 x \geqslant b^2$$

$$x \in \mathbf{Z}_+^n$$

$$\lambda \in \mathbf{R}_+^p$$

式中，λ 被定义为拉格朗日乘子，$z_{LR}(\lambda)$ 为拉格朗日对偶函数。

拉格朗日对偶问题为最大化拉格朗日对偶函数$z_{LR}(\lambda)$，具体表达如下：

$$z_{LD} = \max_{\lambda \geqslant 0} z_{LR}(\lambda) \tag{3-3}$$

若找到拉格朗日松弛问题的最优解，且当其满足$b^1 - A_1 x = 0$ 时，也就是满足被松弛的不等式，那么该最优解也是原问题的一个最优解。

求解拉格朗日对偶问题有几种常用算法，包括次梯度算法、外逼近算法和 Bundle 算法，下面具体介绍本书用到的次梯度算法。

在次梯度算法中，根据拉格朗日对偶问题的最优解，获取次梯度方向，然后根据次梯度方向和步长，更新拉格朗日乘子。

定义 3.1 设 $l(x)$ 是 $\mathbf{R}^n$ 上的凹函数，$x_0 \in \mathbf{R}^n$，若 $l(x) \leqslant l(x_0) + \xi^{\mathrm{T}}(x - x_0)$，$\forall x \in \mathbf{R}^n$，则称 ξ 是函数 $h(x)$ 在x_0处的次梯度，记为 $\xi \in \partial l(x_0)$

性质 3.1 对于对偶函数$z_{LR}(\lambda)$，设x_λ是$z_{LR}(\lambda)$ 的最优解，则 $\xi = b^1 - A_1 x_\lambda$是$z_{LR}(\lambda)$ 在 λ 处的次梯度。

在每次迭代中需要选取沿次梯度方向合适的步长s_k。步长的选取对保持算法的收敛性有很大的作用，这也是次梯度算法的难点。

引理 3.1 令$\lambda^* \geqslant 0$ 是拉格朗日对偶问题$z_{LR}(\lambda)$ 的最优解，那么对于任意的 k，有：

$$z_{LR}(\lambda^*) - z_{LD} \leqslant \frac{\| \lambda^1 - \lambda^* \|^2 + \sum_{i=1}^{k} s_i^2}{2 \sum_{i=1}^{k} (s_i / \| \xi^i \|)}$$

根据引理 3.1，可以保证算法收敛于最优值的点列 $\{\lambda^k\}$。有几种步长规则可以保证算法的收敛性，具体如下：

（1）步长规则1：$s_k=\varepsilon$，其中 $\varepsilon>0$ 且是常数。

（2）步长规则2：$\sum_{k=1}^{+\infty} s_k^2<+\infty$ 且 $\sum_{k=1}^{+\infty} s_k=+\infty$。

（3）步长规则3：$s_k\to 0$，$k\to+\infty$ 且 $\sum_{k=1}^{+\infty} s_k=+\infty$。

（4）步长规则4：

$$s_k=\frac{\rho(U_k-z_{LR}(\lambda^k))}{\|\xi^k\|} \text{ 且 } 0<\rho<2$$

其中$\xi^k\neq 0$，U_k是对偶问题最优值z_{LD}的近似值，且$U_k\geqslant z_{LR}(\lambda^k)$。

下面介绍次梯度算法的具体流程，如表3-1所示。

表3-1 次梯度算法的流程

算法3.1 次梯度算法伪代码
步骤1：初始化。初始拉格朗日乘子λ^1 步骤2：求解拉格朗日松弛问题。并记最优解为x^k，令$\xi^k=b^1-A_1x^k$，更新上下界 步骤3：判断终止条件。若$b^1-A_1x^k\leqslant 0$ 且$(\lambda^k)^T$（$b^1-A_1x^k$）=0或上下界小于给定阈值，则停止算法；否则更新拉格朗日乘子$\lambda^{k+1}=\left(\max\left(0,\ \lambda^k+\frac{s_k\xi^k}{\|\xi^k\|}\right)\right)^{\mathrm{T}}$，并返回步骤2

二、列生成算法

通过观察发现，很多实际问题被构建为具有如下块角结构的模型。在该模型结构中，由一些不相交的变量构成约束块，并由一个复杂约束将这些变量联系在一起。Dantzig 和 Wolfe（1960）为求解此类大规模线性规划问题设计了一种分解方法，被称为 Dantzig-Wolfe 分解。该分解的主要思路是将问题分解为一个主问题和多个子问题，主问题包括较为复杂的耦合约束，子问题则将不相关的约束拆分开，变成相互独立的子系统。具体表达如下：

$$\min(\boldsymbol{c}^1)^{\mathrm{T}}x^1+(\boldsymbol{c}^2)^{\mathrm{T}}x^2+\cdots+(\boldsymbol{c}^L)^{\mathrm{T}}x^L \tag{3-4}$$

s. t.

$$D_1x^1+D_2x^2+\cdots+D_Lx^L\geqslant d$$

$$\begin{aligned} B_1 x^1 \quad & \qquad\qquad\qquad \geqslant b^1 \\ B_2 x^2 & \qquad\qquad \geqslant b^2 \\ & \ddots \\ & \qquad B_L x^L \geqslant b^L \end{aligned}$$

$$x^l \in \{0,1\}^{n_l} \text{ 且 } \forall l = 1,\cdots,L$$

令$X_l=\{x\in\{0,1\}^{n_l}: B_l x\leqslant b^l\}$，且$\{x^{lg}\}_{g\in G^l}$是$X_l$中的所有点或者$conv(X_l)$的极点。根据 Dantzig - Wolfe 分解，模型（3 - 4）被分解为：

$$\min\sum_{l=1}^{L}\sum_{g\in G^l}[(\boldsymbol{c}^l)^{\mathrm{T}} x^{lg}]\lambda_{lg} \tag{3-5}$$

s. t.

$$\sum_{l=1}^{L}\sum_{g\in G^l}(D^l x^{lg})\lambda_{lg}\geqslant d$$

$$\sum_{g\in G^l}\lambda_{lg}=1 \text{ 且 } \forall l=1,\cdots,L$$

$$\lambda_{lg}\in\{0,1\} \text{ 且 } \forall l=1,\cdots,L; g\in G^l$$

分解之后的主问题包含的变量（列）数量仍然十分庞大，要枚举所有的变量（列）是非常困难的。而列生成算法是非常适用于求解此类模型的重要算法，该算法通过动态生成可能使目标函数值更优的变量（列）加入主问题，且不需要生成所有的列。其主要思想是，一是通过求解带有少量变量的限制主问题（Restrained master problem，*RMP*）；二是在每次迭代中，求解包含其余变量的定价子问题，找出检验数（Reduced cost）为负的列，若存在这样的列，则被加入 *RMP* 进一步求解，否则终止算法。假设 X 是一个有界整数集，$\{x^g\}_{g\in G}$为 X 中的所有点或者$conv(X)$的极点。当进行第 k 次迭代求解单纯型法时，得到部分子集$\{x^g\}_{g\in G^k}$，其中$G^k\subset G$，那么对应的有限制的主问题 *RMP* 为：

$$z^{RMP}=\min\sum_{g\in G^k}(\boldsymbol{c}^{\mathrm{T}} x^g)\lambda_g \tag{3-6}$$

s. t.

$$\sum_{g\in G^k}(D x^g)\lambda_g\geqslant d$$

$$\sum_{g \in G^k} \lambda_g = 1$$

$$\lambda \in \mathbf{R}_+^{|G^k|}$$

RMP 的对偶问题如下：

$$\max \boldsymbol{\pi}^{\mathrm{T}} d + \sigma \tag{3-7}$$

s. t.

$$\boldsymbol{\pi}^{\mathrm{T}} D x^g + \sigma \leqslant \boldsymbol{c}^{\mathrm{T}} x^g (\forall g \in G^k)$$

$$\pi \geqslant 0 (\sigma \in \mathbf{R}^1)$$

令λ^k和 $[(\pi^k)^{\mathrm{T}}, \sigma^k]$ 分别表示第 k 次迭代得到的最优解和对偶解，该次迭代的定价子问题（Pricing problem）为$\delta^k = \min_{g \in G}[\boldsymbol{c}^{\mathrm{T}} x^g - (\boldsymbol{\pi}^k)^{\mathrm{T}} D x^g] - \sigma^k = \min_{x \in X}[\boldsymbol{c}^T - (\boldsymbol{\pi}^k)^{\mathrm{T}} D] x - \sigma^k$，其中$\boldsymbol{c}^T x^g - (\boldsymbol{\pi}^k)^{\mathrm{T}} D x^g - \sigma^k$也被称为该列$x^g$（变量$\lambda_g$）的检验数。

定价子问题是只包含简单约束的子模型，在求解过程中，可以通过求解定价子问题寻找检验数为负的列。当$\varrho^k = 0$，则不存在检验数为负的列，此时限制主问题的最优解为原问题的最优解。

三、Benders 分解算法

Benders（1962）提出了 Benders 分解算法，该算法适用于求解带有复杂变量且模型具有如式（3-8）结构的问题。Benders 分解算法的主要思想是将混合整数规划模型分解为只包含整数变量的主问题和包含连续变量的子问题。求解的过程为：求解主问题，得到整数变量，将其代入子问题求解得到不可行切或最优切，以行生成的方式加入主问题进行迭代求解，直到达到终止条件为止，从而获得问题的最优解。

$$\min \boldsymbol{c}^{\mathrm{T}} x + (\boldsymbol{h}^1)^{\mathrm{T}} y^1 + (\boldsymbol{h}^2)^{\mathrm{T}} y^2 + \cdots + (\boldsymbol{h}^L)^{\mathrm{T}} y^L \tag{3-8}$$

s. t.

$$G^1 x + H^1 y^1 \geqslant b^1$$

$$G^2 x + H^2 y^2 \geqslant b^2$$

$$\cdots\cdots$$

$$G^L x + H^L y^L \geqslant b^L$$

$$x \in \mathbf{Z}，y^l \in \mathbf{R}^l \text{ 且 } \forall l = 1，\cdots，L$$

在模型（3－8）中 x 是整数变量，y 为连续变量，y 的求解较之 x 更为复杂。通过问题重构将模型（3－8）分解为主问题和子问题，将变量 x 放入主问题，而子问题将 x 固定住，只求解带有变量 y 的模型，引入连续变量 $\sigma \in \mathbf{R}$。可以将模型（3－8）分解为主问题（3－9）以及 L 个子问题（3－10）。

$$RBMPz^{MIP} = \min \boldsymbol{c}^{\mathrm{T}} x + \sigma \tag{3-9}$$

s. t

$$\sum_{l=1}^{L} (\boldsymbol{\mu}^{lj})^{\mathrm{T}} (b^l - G^l x) \leqslant \sigma \text{ 且 } \forall j = 1，\cdots，J$$

$$(\boldsymbol{\upsilon}^k)^{\mathrm{T}} (b^l - G^l x) \leqslant 0 \text{ 且 } \forall k = 1，\cdots，K$$

$$x \in \mathbf{Z}_+^n$$

第 l（$l=1$，…，L）个子问题为 $BRSl(x)$，具体如下：

$$\min (\boldsymbol{h}^l)^{\mathrm{T}} y^l \tag{3-10}$$

s. t

$$G^l x + H^l y^l \geqslant b^l$$

$$y^l \in \mathbf{Z}^l$$

在主问题中，$\{\mu^j\}_{j=1,\cdots,J}$ 为多面体 $U=\{\mu \in \mathbf{R}_+^m：\mu H \leqslant h\}$ 的极点集合，$\{\upsilon^k\}_{k=1,\cdots,K}$ 为锥 $V=\{\mu \in \mathbf{R}_+^m：\mu H \leqslant 0\}$ 的极射线的集合。Benders 分解算法采用割平面的方式动态地加入不等式约束对模型进行求解。其主要步骤是：当 Benders 子问题不可行时，那么其对偶问题是无界的，因此求解模型（3－12）得到一个极方向，生成 Benders 可行切 $(\boldsymbol{\upsilon}^k)^T(b-Gx) \leqslant 0$，并添加到当前主问题中。若子问题可行，那么其对偶问题有界，求解模型（3－12）可得到一个极点 μ^j，生成一个 Benders 最优切 $\sum_{l=1}^{L} (\boldsymbol{\mu}^{lj})^{\mathrm{T}} (b^l - G^l x) \leqslant \sigma$ 并加入主问题。由于主问题只包含部分 Benders 切，所以被称为受限制的 Benders 主问题（$RBMP$）。

记（$\tilde{x}$，$\tilde{\sigma}$）为当前 RBMP 的最优解，求解 Benders 子问题（记作 $BMPS(\tilde{x})$），具体表达如下：

$$\varphi(\tilde{x}) = \min \boldsymbol{h}^{\mathrm{T}} y \tag{3-11}$$

s. t

$$Hy \geqslant b - G\tilde{x}$$

$$y \in \mathbf{R}_+^p$$

Benders 的对偶子问题（记作 $BMPDS(\tilde{x})$），具体表达如下：

$$\varphi(\tilde{x}) = \max \mu^{\mathrm{T}}(b - G\tilde{x}) \qquad (3-12)$$

s. t

$$\mu H \leqslant h$$

$$\mu \in \mathbf{R}_+^m$$

定理 3.1 假设在 Benders 分解算法迭代中，对偶子问题$BMPDS^k(x^k)$有界且最优解为 μ^k，如果 $(\boldsymbol{\mu}^k)^{\mathrm{T}}(b - Gx^k) \leqslant \sigma^k$，则（$x^k$，$\sigma^k$）是主问题的最优解，Benders 分解算法示意图如图 3－1 所示。

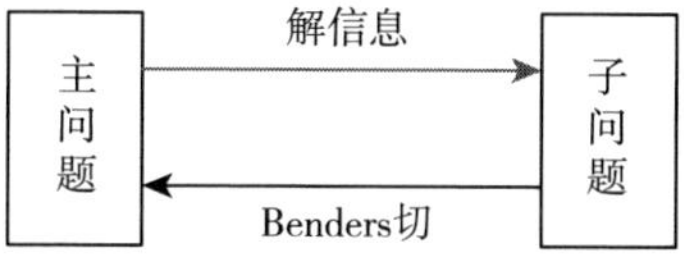

图 3－1 Benders 分解算法示意图

图 3－1 大致展示了 Benders 分解算法的过程。在得到初始 $RBMP$ 和对应子问题后，该算法将在主问题和子问题间持续迭代直到找到最优解。

第四章 LNG海陆两阶段路径优化问题模型与算法

由于资源禀赋的差异，LNG 的国际贸易相当普遍。为了保证国家的运输权，天然气公司会在订购国际合同后自行运输 LNG。在海上，企业统筹同一类型的 LNG 船队在装卸港口之间进行运输。在内陆地区，由于不受天然气管道的限制，通过“槽车＋船”运输 LNG 更方便和安全。在运输过程中，会有部分天然气蒸发，被称为气化。

第一节 问题描述和模型构建

一般情况下，LNG 分两阶段运输到加气站：第一阶段由大型出口港供应并运输到进口港的接收站；第二阶段从接收站运输到加气站。其中第一阶段采用大型运输船装载多个储罐运输，第二阶段则由专门的槽车和轮船运输（图 4－1）。由于容量的限制，第二阶段运输工具的容量远小于第一阶段大型运输船的储罐容量。此外，槽车灵活性高，可变成本相对较高，但容量有限；而轮船容量大，通常远高于槽车的容量，可变成本较低，但受限于水资源。因此，槽车被考虑为分批配送（Split delivery），即加气站可被多辆车进行配送。为解决该问题需要决策的量有：①在两阶段分别运送的货物量，可满足用户的需求且不超出接收站和运输工具的容量限制；②在每一阶段的最优路线，以使总成本最小。

两阶段 LNG 车辆路径问题与其他的两阶段车辆路径不同之处在于运输过程中存在因 LNG 蒸发导致成本增加的情况，这在第三章第一节中有详细的介绍。应用运筹学理论可以有效降低运输成本和减少气化量，并提高基础

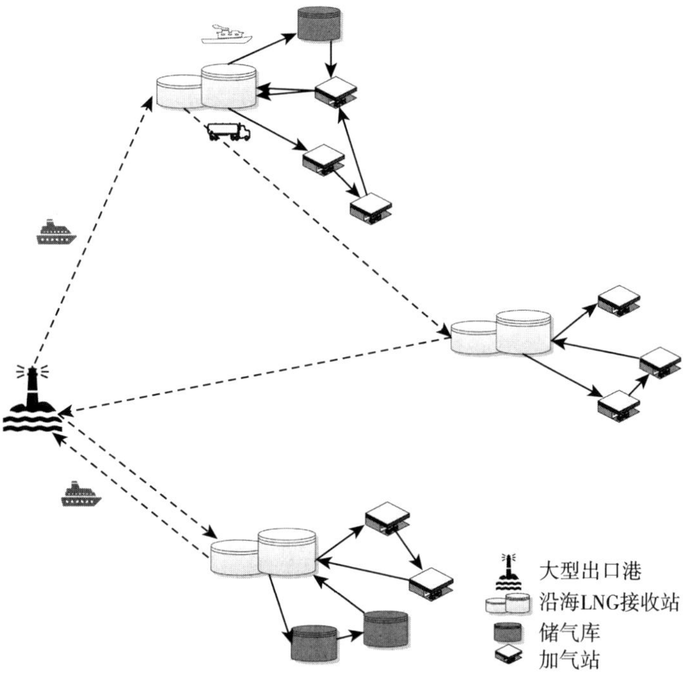

图 4-1 LNG 海陆两阶段运输示意图

设施的利用率。

在本节中，正式介绍了所考虑的问题，包括该模型所采用的符号和假设，并提出了一个 MILP 模型。

一、问题描述

设 $G=(V, A)$ 是一个有向图，其中 V 和 A 分别是模型中节点和弧的集合。气源点表示为 0，接收站和加气站分别为 S 和 C。设$A^{\bar{1}}=\{(i, j): i, j\in\{0\}\cup S\}$ 为连接气源点和接收站的第一阶段弧的集合，$A^{\bar{2}}=\{(i, j): i, j\in C\}\cup\{(i, j): i\in S, j\in C$ 或 $i\in C, j\in S'\}$ 为连接接收站和加气站的第二阶段弧的集合，其中$S'=\{s': s\in S\}$，s'是$i\in S\cup\{0\}$ 的复制节点。因此，节点的集合为 $V=\{0\}\cup S\cup C$，边的集合为 $A=A^{\bar{1}}\cup A^{\bar{2}}$。

用船从气源点向沿海接收站输送 LNG。令$K^{\bar{1}}$为一组同质船舶，最大容量为$Q^{\bar{1}}$且位于气源点。每艘船从气源点出发，访问多个接收站并返回气源点。假设每艘船最多可装载 g 个储罐，每罐提供总容量为 ρ 升的 LNG，并且交付到每个接收站的 LNG 也以罐为单位。每个接收站 $i\in S$ 的安全库存和最大存储容量分别用$\underline{H}_i$和$\overline{H}_i$表示。每个接收站只能被船舶访问一次（即不可分批配送），且每艘船舶最多只能访问每个接收站一次。每艘船$k^{\bar{1}}\in K^{\bar{1}}$在访问中转点时将会产生固定成本（卸载费用）$\mu$，每一条边（$i$，$j$）$\in A^{\bar{1}}$的成本（燃料成本＋卸载成本）为$c_{ij}^{k^{\bar{1}}}$。

LNG 可通过槽车或轮船从接收站运输到加气站。由于水资源的限制，轮船只能到达部分加气站，然而所有的加气站都可以被槽车访问，设C_b为轮船可以访问的加气站集合，$A^{\bar{3}}=\{(i,\ j):\ i,\ j\in C_b\}\cup\{(i,\ j):\ i\in S,\ j\in C_b$或$i\in C_b,\ j\in S'\}$ 为连接接收站和轮船可访问的加气站的弧集。对于任意接收站 $i\in S$，有$K_i^{\bar{2}}$（$K_i^{\bar{3}}$）辆同构槽车（轮船），可存储的最大容量为$Q^{\bar{2}}$（$Q^{\bar{3}}$）。每个槽车从接收站出发，访问多个加气站并返回接收站。本书假设每艘轮船的装载容量是远大于槽车的，即$Q^{\bar{2}}\ll Q^{\bar{3}}$。对于每条弧（$i$，$j$）$\in A^{\bar{2}}$[（$i$，$j$）$\in A^{\bar{3}}$]，有一个路径成本$c_{ij}^{k^{\bar{2}}}$（$c_{ij}^{k^{\bar{3}}}$）（燃料成本＋卸载成本）满足三角不等式。将船不能访问的点的路径成本$c_{ij}^{k^{\bar{3}}}$设为无穷大。

每个加气站 $j\in C$ 的需求用d_j表示，其通常小于轮船的最大容量 $Q^{\bar{3}}$，但是某些加气站的需求有可能会超过槽车的最大容量 $Q^{\bar{2}}$。因此，这里假设加气站一旦被轮船访问，则认为需求被满足。一个加气站可以被多辆槽车服务，这意味着槽车访问的点是分批配送的。

Dror 和 Trudeau（1989）说明了一个分批配送的 VRP（SDVRP），若成本和旅行时间满足三角不等式，那么在该问题的最优解中，每条弧（i，j）$\in A_{ij}$最多出现一次。只要满足成本和旅行时间三角不等式，这个结构性质在带时间窗的对应问题上也是同样有效的（Desaulniers，2010）。同理，本书有以下结论：

引理 4.1 如果路径成本和路线时间满足三角不等式，那么在该问题的最优解中，没有两条路径会共有一个分批配送的节点（Desaulniers，2010）。

引理 4.1 说明了在最优解中满足：①每辆槽车或者轮船访问每个加气站最多一次；②每条弧（i，j）$\in A^{\bar{2}*}\cup A^{\bar{3}*}$ 最多出现一次，其中$A^{\bar{2}*}=\{(i,\ j)\in$

$A^{\bar{2}}$且 i，$j\in C\}$ 和$A^{\bar{3}*}=\{(i,j)\in A^{\bar{3}}$且 i，$j\in C_b\}$。上述这些性质可以有效帮助缩小问题的搜索空间。

如前所述，部分 LNG 在运输过程中可能会被蒸发。基于实际情况，考虑分阶段气化，气化量与运输时间、车辆载重呈正相关。令 β 为气化率，若车辆在时间段 T 的运输量为Q，则气化量为βQT，τ 为气化成本系数。本章的目标是确定第一阶段和第二阶段配送的最优策略，满足客户所有需求，使得路径成本、卸货成本和气化成本组成的总运营成本最小。

二、模型构建

基于以上介绍的参数，为 LNG 两阶段车辆路径问题构建数学规划模型。下面对决策变量进行介绍：

$x_{ij}^{k^{\bar{1}}}$：0、1 变量，若弧 $(i,j)\in A^{\bar{1}}$被船 $(k^{\bar{1}}\in K^{\bar{1}})$ 访问则为 1，否则为 0。

$y_{ij}^{sk^{\bar{2}}}$：0、1 变量，若弧 $(i,j)\in A^{\bar{2}}$在接收站 $s\in S$ 被槽车$k^{\bar{2}}\in K_s^{\bar{2}}$访问则为 1，否则为 0。

$y_{ij}^{sk^{\bar{3}}}$：0、1 变量，若弧 $(i,j)\in A^{\bar{3}}$在接收站 $s\in S$ 被轮船$k^{\bar{3}}\in K_s^{\bar{3}}$访问则为 1，否则为 0。

$\zeta_{ij}^{k^{\bar{1}}}$：非负变量，船$k^{\bar{1}}\in K^{\bar{1}}$在弧 $(i,j)\in A^{\bar{1}}$上的流量。

$\xi_{ij}^{sk^{\bar{2}}}$：非负变量，在接收站 $s\in S$，槽车$k^{\bar{2}}\in K_s^{\bar{2}}$在弧 $(i,j)\in A^{\bar{2}}$上的流量。

$\xi_{ij}^{sk^{\bar{3}}}$：非负变量，在接收站 $s\in S$，轮船$k^{\bar{3}}\in K_s^{\bar{3}}$在弧 $(i,j)\in A^{\bar{3}}$上的流量。

那么，LNG 两阶段车辆路径问题的数学规划模型（MILP）如下：

$$\min\sum_{k^{\bar{1}}\in K^{\bar{1}}}\sum_{(i,j)\in A^{\bar{1}}}(c_{ij}^{k^{\bar{1}}}x_{ij}^{k^{\bar{1}}}+\tau\rho\beta\,\zeta_{ij}^{k^{\bar{1}}}T_{ij}^{\bar{1}})+\sum_{s\in S}\sum_{k^{\bar{2}}\in K_s^{\bar{2}}}\sum_{(i,j)\in A^{\bar{2}}}(c_{ij}^{k^{\bar{2}}}y_{ij}^{sk^{\bar{2}}}$$
$$+\tau\beta\,\xi_{ij}^{sk^{\bar{2}}}T_{ij}^{\bar{2}})+\sum_{s\in S}\sum_{k^{\bar{3}}\in K_s^{\bar{3}}}\sum_{(i,j)\in A^{\bar{3}}}(c_{ij}^{k^{\bar{3}}}y_{ij}^{sk^{\bar{3}}}+\tau\beta\,\xi_{ij}^{sk^{\bar{3}}}T_{ij}^{\bar{3}})\quad(4-1\text{a})$$

s. t.

$$\sum_{j\in\{0\}\cup S}x_{sj}^{k^{\bar{1}}}=\sum_{j\in\{0\}\cup S}x_{js}^{k^{\bar{1}}}\quad\forall s\in S,k^{\bar{1}}\in K^{\bar{1}}\quad(4-1\text{b})$$

$$\sum_{s\in S} x_{0s}^{k^{\bar{1}}} \leqslant 1 \quad \forall\, k^{\bar{1}} \in K^{\bar{1}} \tag{4-1c}$$

$$\zeta_{ij}^{k^{\bar{1}}} \leqslant Q^{\bar{1}}\, x_{ij}^{k^{\bar{1}}} \quad \forall (i,j) \in A^{\bar{1}}, k^{\bar{1}} \in K^{\bar{1}} \tag{4-1d}$$

$$\sum_{j\in C\cup\{s\}} y_{ji}^{sk^{\bar{2}}} = \sum_{j\in C\cup\{s'\}} y_{ij}^{sk^{\bar{2}}} \quad \forall s \in S, k^{\bar{2}} \in K_s^{\bar{2}}, i \in C \tag{4-1e}$$

$$\sum_{i\in C} y_{si}^{sk^{\bar{2}}} \leqslant 1 \quad \forall s \in S, k^{\bar{2}} \in K_s^{\bar{2}} \tag{4-1f}$$

$$\xi_{ij}^{sk^{\bar{2}}} \leqslant Q^{\bar{2}}\, y_{ij}^{sk^{\bar{2}}} \quad \forall s \in S, k^{\bar{2}} \in K_s^{\bar{2}}, (i,j) \in A^{\bar{2}} \tag{4-1g}$$

$$\sum_{j\in C\cup\{s\}} \xi_{ji}^{sk^{\bar{2}}}(1-\beta T_{ji}^{\bar{2}}) - \sum_{j\in C\cup\{s'\}} \xi_{ij}^{sk^{\bar{2}}} \geqslant 0 \quad \forall s \in S, k^{\bar{2}} \in K_s^{\bar{2}}, i \in C \tag{4-1h}$$

$$\sum_{s\in S}\sum_{k^{\bar{2}}\in K_s^{\bar{2}}}\sum_{j\in C\cup\{s'\}} y_{ij}^{sk^{\bar{2}}} \geqslant \frac{d_j}{Q^{\bar{2}}} \quad \forall i \in C \setminus C_b \tag{4-1i}$$

$$\sum_{j\in C_b\cup\{s\}} y_{ji}^{sk^{\bar{3}}} = \sum_{j\in C_b\cup\{s'\}} y_{ij}^{sk^{\bar{3}}} \quad \forall s \in S, k^{\bar{3}} \in K_s^{\bar{3}}, i \in C_b \tag{4-1j}$$

$$\sum_{i\in C_b} y_{si}^{sk^{\bar{3}}} \leqslant 1 \quad \forall s \in S, k^{\bar{3}} \in K_s^{\bar{3}} \tag{4-1k}$$

$$\xi_{ij}^{sk^{\bar{3}}} \leqslant Q^{\bar{3}}\, y_{ij}^{sk^{\bar{3}}} \quad \forall s \in S, k^{\bar{3}} \in K_s^{\bar{3}}, (i,j) \in A^{\bar{3}} \tag{4-1l}$$

$$\sum_{j\in C_b\cup\{s\}} \xi_{ji}^{sk^{\bar{3}}}(1-\beta T_{ji}^{\bar{3}}) - \sum_{j\in C_b\cup\{s'\}} \xi_{ij}^{sk^{\bar{3}}} \geqslant 0 \quad \forall s \in S, k^{\bar{3}} \in K_s^{\bar{3}}, i \in C_b \tag{4-1m}$$

$$\sum_{s\in S}\sum_{k^{\bar{3}}\in K_s^{\bar{3}}}\sum_{j\in C_b\cup\{s'\}} y_{ij}^{sk^{\bar{3}}} \leqslant 1 \quad \forall i \in C_b \tag{4-1n}$$

$$\sum_{s\in S}\sum_{k^{\bar{2}}\in K_s^{\bar{2}}}\Big(\sum_{j\in C\cup\{s\}} \xi_{ji}^{sk^{\bar{2}}}(1-\beta T_{ji}^{\bar{2}}) - \sum_{j\in C\cup\{s'\}} \xi_{ij}^{sk^{\bar{2}}}\Big) + d_i \sum_{s\in S}\sum_{k^{\bar{3}}\in K_s^{\bar{3}}}\sum_{j\in C_b\cup\{s'\}} y_{ij}^{sk^{\bar{3}}} \geqslant d_i \quad \forall i \in C \tag{4-1o}$$

$$\sum_{k^{\bar{2}}\in K_s^{\bar{2}}}\sum_{j\in C} \xi_{sj}^{sk^{\bar{2}}} + \sum_{k^{\bar{3}}\in K_s^{\bar{3}}}\sum_{j\in C_b} \xi_{sj}^{sk^{\bar{3}}} \leqslant \sum_{k^{\bar{1}}\in K^{\bar{1}}}\Big(\sum_{j\in\{0\}\cup S} \rho\, \zeta_{js}^{k^{\bar{1}}}(1-\beta T_{js}^{\bar{1}}) - \sum_{j\in\{0\}\cup S} \rho\, \zeta_{sj}^{k^{\bar{1}}}\Big) \quad \forall s \in S \tag{4-1p}$$

$$\underline{H}_s \leqslant \sum_{k^{\bar{1}}\in K^{\bar{1}}}\Big(\sum_{j\in\{0\}\cup S} \rho\, \zeta_{js}^{k^{\bar{1}}}(1-\beta T_{js}^{\bar{1}}) - \sum_{j\in\{0\}\cup S} \rho\, \zeta_{sj}^{k^{\bar{1}}}\Big) \leqslant \overline{H}_s \quad \forall s \in S \tag{4-1q}$$

$$x_{ij}^{k^{\bar{1}}} \in \{0,1\}, \zeta_{sj}^{k^{\bar{1}}} \geqslant 0 \quad \forall (i,j) \in A^{\bar{1}}, k^{\bar{1}} \in K^{\bar{1}} \tag{4-1r}$$

$$y_{ij}^{sk^{\bar{2}}} \in \{0,1\}, \xi_{ij}^{sk^{\bar{2}}} \geqslant 0 \quad \forall (i,j) \in A^{\bar{2}}, k^{\bar{2}} \in K^{\bar{2}}, s \in S \tag{4-1s}$$

$$y_{ij}^{sk^{\bar{3}}} \in \{0,1\}, \xi_{ij}^{sk^{\bar{3}}} \geqslant 0 \quad \forall (i,j) \in A^{\bar{3}}, k^{\bar{3}} \in K^{\bar{3}}, s \in S \tag{4-1t}$$

目标函数（4-1a）表示最小化第一阶段和第二阶段的路径成本和气化成本之和。约束（4-1b）和（4-1c）[（4-1e）和（4-1f）、（4-1j）和（4-1k）] 用来确定每艘船（槽车、轮船）的路径结构，即从供应点（接收站）出发，最后返回供应点（接收站）。约束（4-1d）[（4—1g）、（4-1l）] 表示第一阶段弧 $x_{ij}^{k^{\bar{1}}}$（第二阶段弧 $y_{ij}^{sk^{\bar{2}}}$、$y_{ij}^{sk^{\bar{3}}}$）与配送量 $\zeta_{sj}^{k^{\bar{1}}}$（$\xi_{ij}^{sk^{\bar{2}}}$、$\xi_{ij}^{sk^{\bar{3}}}$）之间的逻辑关系，如 $\xi_{ij}^{k^{\bar{1}}}$ 只有在 $x_{ij}^{k^{\bar{1}}}$ 为 1 时才会大于 0。（4—1h）[（4—1m）] 给出了槽车（轮船）访问的节点的流平衡约束。（4-1i）表示至少 $\left\lceil \frac{d_j}{Q^{\bar{2}}} \right\rceil$ 数量的槽车访问加气站 j（$j \in C \setminus C_b$）。约束（4-1n）表示轮船访问的点最多只能被访问一次。（4-1o）表示每个加气站的需求必须被满足。（4-1p）表示槽车和轮船从接收站 s 送出的货物量不能超过船配送到接收站 s 的总量。（4-1q）为接收站库存量的限制。约束（4-1r）至（4-1t）表示变量的整数约束和非负约束等内容。

LNG 两阶段路径优化问题是 TE-VRP 的变体，同时 TE-VRP 可归结为背包问题和旅行商问题的结合。背包问题和旅行商问题均为 NP-难问题，因此该问题也是一个 NP-难问题。而且该问题比一般的 TE-VRP 更复杂，通过文献研究发现分支定价和分支切割是求解 TE-VRP 较为有效的精确性算法。因此，本节对列生成算法的理论进行介绍，然后根据算法对模型进行重构，利用 Dantzig-Wolfe 分解原理将模型分解为一个主问题和多个子问题。分解的主问题模型是一个集划分模型，由于槽车和轮船运输特征不同，所以在子问题中对槽车和轮船的运输路径分别进行讨论。

（一）集划分模型

主问题包含每种运输模式的可行交付模式。一条路径对应的可行交付模式表示该路径在满足车辆容量限制时在每个节点的交付量策略。根据上述分析，需要区分槽车只访问一个或多个加气站的路线。为了将问题表述为一个混合整数规划，引入以下符号：

1. 集合

$\mathfrak{R}^{\bar{1}}$：气源点的所有可行路线（包括给每个接收站配送的量）的集合。

$\mathfrak{R}^{\bar{2}}_{su}$：接收站 $s \in S$ 只访问一个加气站的槽车的所有可行路线集合。

$\mathfrak{R}^{\bar{2}}_{sw}$：接收站 $s \in S$ 访问多个加气站的槽车的所有可行路线集合。

$\mathfrak{R}^{\bar{2}}_{s}$：接收站 $s \in S$ 所有可行的槽车路线集合，$\mathfrak{R}^{\bar{2}}_{s}=\mathfrak{R}^{\bar{2}}_{su} \cup \mathfrak{R}^{\bar{2}}_{sw}$。

$\mathfrak{R}^{\bar{3}}_{s}$：接收站 $s \in S_b$ 所有可行的轮船路线的集合。

$\mathfrak{P}_r$：路径 r（$r \in \mathfrak{R}^{\bar{2}}_{s}$）的所有可行交付模式的集合，其中路径 r 的可行交付模式为在考虑槽车容量的前提下，路径 r 访问每个加气站对应的配送量。

2. 参数

$\hat{c}^{\bar{1}}_r$（$\hat{c}^{\bar{2}}_r$、$\hat{c}^{\bar{3}}_r$）：路径成本 $r \in \mathfrak{R}^{\bar{1}}[r \in \mathfrak{R}^{\bar{2}}_{s}(s \in S)$、$r \in \mathfrak{R}^{\bar{3}}_{s}(s \in S_b)]$。

$\xi^{\bar{1}}_{sr}$：路径 $r \in \mathfrak{R}^{\bar{1}}$在接收站 $s \in S$ 卸载的 LNG 储罐的数量。

$\xi^{\bar{2}}_{jrp}$：在模式 $p \in \mathfrak{R}_r$和路径 $r \in \mathfrak{R}^{\bar{2}}_{s}$中，给加气站 $j \in C$ 配送 LNG 的量。

$D^{\bar{1}}_{sr}$：路径 $r \in \mathfrak{R}^{\bar{1}}$在接收站 $s \in S$ 的交货时间。

$T^{\bar{2}}_{jr}$（$T^{\bar{3}}_{jr}$）：从接收站 $s \in S$ 出发的沿路径 $r \in \mathfrak{R}^{\bar{2}}_{s}$（$r \in \mathfrak{R}^{\bar{3}}_{s}$）到达加气站 $j \in C$ 的交货时间。

$a^{\bar{1}}_{sr}$：当接收站 $s \in S$ 被路径 $r \in \mathfrak{R}^{\bar{1}}$访问时为 1，否则为 0。

$a^{\bar{2}}_{jr}$（$a^{\bar{3}}_{jr}$）：当加气站 $j \in C$ 被路径 $r \in \mathfrak{R}^{\bar{2}}_{s}$（$r \in \mathfrak{R}^{\bar{3}}_{s}$）访问时为 1，否则为 0。

3. 变量

$\lambda^{\bar{1}}_r$（$\lambda^{\bar{3}}_r$）：0、1 变量，若路径 $r \in \mathfrak{R}^{\bar{1}}$（$r \in \mathfrak{R}^{\bar{3}}_{s}$）则被选为 1，否则为 0。

$\lambda^{\bar{2}}_{rp}$：非负变量$\lambda^{\bar{2}}_{rp} \in (0, 1)$，表示分配给路线 $r \in \mathfrak{R}^{\bar{2}}_{s}$和交付模式 $p \in \mathfrak{P}_r$ 的槽车数量。

$\lambda^{\bar{2}}_{r}$：非负整数变量（或 0、1 变量），表示分配到 $r \in \mathfrak{R}^{\bar{2}}_{su}$（或 $r \in \mathfrak{R}^{\bar{2}}_{sw}$）路线的槽车数量。

有了上述符号，LNG 两阶段运输路径的混合整数规划问题（Mixed

integer programming - liquefied natural gas，MIP - LNG）的集划分模型表述如下：

$$\min \sum_{r \in \Re^{\bar{1}}} \hat{c}_r^{\bar{1}} \lambda_r^{\bar{1}} + \sum_{s \in S} \sum_{r \in \Re_s^{\bar{2}}} \sum_{p \in \mathfrak{P}_r} \hat{c}_r^{\bar{2}} \lambda_{rp}^{\bar{2}} + \sum_{s \in S} \sum_{r \in \Re_s^{\bar{3}}} \hat{c}_r^{\bar{3}} \lambda_r^{\bar{3}} \qquad (4-2a)$$

s. t.

$$\sum_{s \in S} \sum_{r \in \Re_s^{\bar{2}}} \sum_{p \in \mathfrak{P}_r} \xi_{jrp}^{\bar{2}} \lambda_{rp}^{\bar{2}} \geqslant d_j \quad \forall j \in C \setminus C_b \qquad (4-2b)$$

$$\sum_{s \in S} \sum_{r \in \Re_s^{\bar{2}}} \sum_{p \in \mathfrak{P}_r} \xi_{jrp}^{\bar{2}} \lambda_{rp}^{\bar{2}} + d_j \sum_{s \in S} \sum_{r \in \Re_s^{\bar{3}}} a_{jr}^{\bar{3}} \lambda_r^{\bar{3}} \geqslant d_j \quad \forall j \in C_b$$

$$(4-2c)$$

$$\sum_{s \in S} \sum_{r \in \Re_s^{\bar{3}}} a_{jr}^{\bar{3}} \lambda_r^{\bar{3}} \leqslant 1 \quad \forall j \in C_b \qquad (4-2d)$$

$$\sum_{s \in S} \sum_{r \in \Re_s^{\bar{2}}} \sum_{p \in \mathfrak{P}_r} a_{jr}^{\bar{2}} \lambda_{rp}^{\bar{2}} \geqslant \left[\frac{d_j}{Q^{\bar{2}}} \right] \quad \forall j \in C \setminus C_b \qquad (4-2e)$$

$$\sum_{s \in S} \sum_{r \in \Re_s^{\bar{2}}} \sum_{p \in \Re_r} b_{jlr} \lambda_{rp}^{\bar{2}} \leqslant 1 \quad \forall (j,l) \in A_C^{\bar{2}} \qquad (4-2f)$$

$$\sum_{j \in C} \sum_{r \in \Re_s^{\bar{2}}} \sum_{p \in \mathfrak{P}_r} \frac{\xi_{jrp}^{\bar{2}}}{1-\beta T_{jr}^{\bar{2}}} \lambda_{rp}^{\bar{2}} + \sum_{j \in C_b} \sum_{r \in \Re_s^{\bar{3}}} \frac{d_j a_{jp}^{\bar{3}}}{1-\beta T_{jr}^{\bar{3}}} \lambda_r^{\bar{3}} \leqslant \sum_{r \in \Re^{\bar{1}}} \frac{\rho \xi_{sr}^{\bar{1}}}{1-\beta D_{sr}^{\bar{2}}} \lambda_r^{\bar{1}} \quad \forall s \in S$$

$$(4-2g)$$

$$\sum_{i \in S} \sum_{r \in \Re_i^{\bar{2}}} \sum_{p \in \mathfrak{P}_r} \sum_{j \in G} \sum_{l \in C \cup \{i\} \setminus (C_b \cup G)} b_{jlr} \lambda_{rp}^{\bar{2}} \geqslant \left[\frac{\sum_{j \in G} d_j}{Q^{\bar{2}}} \right] \quad \forall G \in \Lambda_1$$

$$(4-2h)$$

$$\sum_{i \in S} \sum_{r \in \Re_i^{\bar{2}}} \sum_{p \in \mathfrak{P}_r} \sum_{(j,l) \in A_U^-} b_{jlr} \lambda_{rp}^{\bar{2}} \geqslant k_U \quad \forall U \in C \qquad (4-2i)$$

$$\underline{H}_s \leqslant \sum_{r \in \Re^{\bar{1}}} \frac{\rho \xi_{sr}^{\bar{1}}}{1-\beta D_{sr}^{\bar{2}}} \leqslant \overline{H}_s \quad \forall s \in S \qquad (4-2j)$$

$$\sum_{r \in \Re^{\bar{1}}} \lambda_r^{\bar{1}} a_{sr}^{\bar{1}} \leqslant 1 \quad s \in S \qquad (4-2k)$$

$$\lambda_r^{\bar{2}} = \sum_{p \in \mathfrak{P}_r} \lambda_{rp}^{\bar{2}} \quad \forall s \in S, r \in \Re_s^{\bar{2}} \qquad (4-2l)$$

$$\lambda_r^{\bar{1}}, \lambda_{r'}^{\bar{2}} \in \{0,1\} \quad \forall i \in S, r \in \Re^{\bar{1}}, r' \in \Re_{sw}^{\bar{2}} \qquad (4-2m)$$

$$\lambda_{rp}^{\bar{2}} \geqslant 0 \quad \forall s \in S, r \in \mathfrak{R}_s^{\bar{2}}, p \in \mathfrak{P}_r \tag{4-2n}$$

$$\lambda_r^{\bar{2}} \quad integer \quad \forall s \in S, r' \in \mathfrak{R}_{su}^{\bar{2}} \tag{4-2o}$$

$$\lambda_r^{\bar{3}} \in \{0,1\} \quad \forall s \in S, r \in \mathfrak{R}_s^{\bar{3}} \tag{4-2p}$$

目标函数（4－2a）为最小化两阶段的总路线成本、卸载成本和气化成本的成本之和。约束条件（4－2b）和（4－2c）确认给每个加气站的配送量满足其需求。约束条件（4－2d）限制轮船最多访问每个加气站一次。（4－2e）确保至少$\left\lceil \frac{d_j}{Q^{\bar{2}}} \right\rceil$数量的槽车访问加气站 j（$j \in C \setminus C_b$）。约束条件（4－2f）保证每条弧（j，l）$\in A_C^{\bar{2}}$在最优解中最多被路径访问一次，其中若弧（j，l）被路径 r 访问，则二元参数 b_{jlr} 等于 1。（4—2g）表示槽车和轮船从接收站 s 送出的货物量不能超过船配送到接收站 s 的总量，（4－2g）的右侧表示从气源点到达接收站 s LNG 的量。（4－2h）是槽车路径集的容量切，其中b_{jlr}是一个二元参数，当路线 r 经过弧（j，l）时值为 1，Λ_1是 $G \subseteq C \setminus C_b$集合的子集。约束（4－2i）表示 k－路切，其中A_U^-是进入子集 U 的弧的子集，这样的不等式强制要求分配至少k_U车辆服务 U 的顶点。约束条件（4－2j）是接收站库存容量的限制。约束条件（4－2k）保证每个接收站可以被 LNG 船精确地访问一次。（4－2l）定义 $\lambda_r^{\bar{2}}$，且满足（4－2m）、（4－2o）中的二元性和整体性的要求。在（4－2m）、（4－2p）和（4－2n）中分别约束了 $\lambda_r^{\bar{1}}$、$\lambda_r^{\bar{3}}$为 0、1 变量，对 $\lambda_{rp}^{\bar{2}}$进行非负性约束。

放松约束（4－2f）、（4－2h）和（4－2i），并像切平面方法一样在必要时引入这些约束。此外，Desaulniers（2010）引入了极交付模式的概念。一个极交付模式 p 由零交付、完全交付和最多一个部分交付组成，并表明，路径的任意交付模式都可以由该路线的极交付模式的凸组合来表示，这对槽车路线中的交付模式同样有效。因此，可以只关注极交付模式，如果在本书的其余部分没有具体说明，则让$\mathfrak{R}_r$表示路径 $r \in \mathfrak{R}_s^{\bar{2}}$对应的所有极交付模式的集合。

（二）定价子问题

由于接收站的数量通常比加气站的数量少（在实验中，所有实例的接收站数量限制在 5 以内），所以通过枚举可获得所有可能的第一阶段交付路线和配送方案，并在模型中保留所有可行路径 $r\in\mathfrak{R}^{\bar{1}}$。而对于 $r\in\mathfrak{R}^{\bar{2}}$ 和 $r\in\mathfrak{R}^{\bar{3}}$ 这两个变量来说，如果通过枚举所有的可能的解进行求解几乎则是不可能的，也是没有必要的。因此，须通过列生成方法中的两类定价子问题动态生成。这些子问题的目标涉及主问题的对偶变量，设 $(\pi_j)_{j\in C}$ 为约束集（4－2b）和（4－2c）共同对应的对偶变量，$(\gamma_j)_{j\in C}$ 为约束集（4－2d）和（4－2e）共同对应的对偶变量，$(\nu_s)_{s\in S}$ 是约束集（4－2g）对应的对偶变量，$(\varrho_{1G})_{G\in\Lambda_1}$ 是约束集（4－2h）容量切对应的对偶变量，$(\zeta_{jl})_{(j,l)\in A_C^{\bar{2}}}$ 为约束集（4－2f）对应的对偶变量，$(\delta_U)_{U\in C}$ 为约束集（4－2i）k－路切对应的对偶变量。

1. 槽车列生成

给定一个接收站 $s\in S$、路径 $r\in\mathfrak{R}_s^{\bar{2}}$ 和交付模式 $p\in\mathfrak{P}_r$，变量 λ_{rp}^{2} 的检验数为：

$$\vec{c}_{srp}^{\,2}=\hat{c}_r^{\bar{2}}-\sum_{j\in C}\xi_{jrp}^{\bar{2}}\pi_j-\sum_{j\in C\setminus C_b}a_{jr}^{\bar{2}}\gamma_j-\sum_{j\in C}\frac{\xi_{jrp}^{\bar{2}}}{1-\beta T_{jr}^{\bar{2}}}\upsilon_s-\sum_{G\in\Lambda_1}\sum_{j\in G}\sum_{l\in C\cup\{s'\}(C_b\cup G)}b_{jlr}\varrho_{1G}-\sum_{(j,l)\in A_C^{\bar{2}}}b_{jlr}\zeta_{jl}-\sum_{U\in C}\sum_{(j,l)\in A_U^{-}}\delta_U \tag{4－3}$$

令 $\pi_j=\upsilon_s=0$，弧 $(j,l)\in A_2$ 的检验数被定义为：

$$\vec{c}_{jl}^{\,srp}=b_{jlr}c_{jl}^{\bar{2}}-\frac{1}{2}\sum_{m\in\{j,l\}}(\vartheta_{1m}a_{mr}^{\bar{2}}\gamma_m)-\sum_{(j,l)\in A_C^{\bar{2}}}b_{jlr}\zeta_{jl}-\sum_{G\in\Lambda_1:j\in G,l\in C\cup\{s'\}(C_b\cup G)}b_{jlr}\varrho_{1G}-\sum_{U\in C}\sum_{(j,l)\in A_U^{-}}\delta_U \tag{4－4}$$

ϑ_{1m} 是一个二元参数，当且仅当 $m\in C\setminus C_b$ 等于 1。

这样，可以将式（4－4）重新表述为：

$$\vec{c}_{srp}^{\,2}=\sum_{j\in C\cup\{s\}}\sum_{l\in C\cup\{s'\}}\vec{c}_{jl}^{\,srp}-\sum_{j\in C}\xi_{jrp}^{\bar{2}}\left(\pi_j+\frac{1}{1-\beta T_{jr}^{\bar{2}}}\upsilon_s-\frac{\tau\beta T_{jr}^{\bar{2}}}{1-\beta T_{jr}^{\bar{2}}}\right) \tag{4－5}$$

式中，括号中的第三项表示输送到 j 站的 LNG 的气化成本。

2. 轮船列生成

给定一个接收站 $s\in S$ 和一个 $r\in\mathfrak{R}_s^{\bar{3}}$，变量 $\lambda_r^{\bar{3}}$ 的检验数为：

$$\vec{c}_{sr}^{\bar{3}} = \hat{c}_{r}^{\bar{3}} - \sum_{j \in C_b} d_j a_{jr}^{\bar{3}} \pi_j - \sum_{j \in C_b} a_{jr}^{\bar{3}} \gamma_j - \sum_{j \in C_b} \frac{d_j a_{jr}^{\bar{3}}}{1-\beta T_{jr}^{\bar{3}}} v_s \quad (4-6)$$

令 $\pi_j = \nu_s = 0$，弧 $(j, l) \in A_2$（其中 $j \in C_b \cup \{s\}$，$l \in C_b \cup \{s'\}$）的检验数被定义为：

$$\vec{c}_{jl}^{sr\bar{3}} = b_{jlr} c_{jl}^{\bar{3}} - \frac{1}{2} \sum_{j \in C_b} \vartheta_m a_{mr}^{\bar{3}} \gamma_m \quad (4-7)$$

ϑ_m是一个二元参数，当且仅当 $m \in C_b$时其值为 1。

那么表达式（4－7）可以重新表述如下：

$$\vec{c}_{srp}^{\bar{3}} = \sum_{j \in C_b \cup \{s\}} \sum_{l \in C_b \cup \{s'\}} \vec{c}_{jl}^{sr\bar{3}} - \sum_{j \in C_b} d_j a_{jr}^{\bar{3}} \left(\pi_j + \frac{1}{1-\beta T_{jr}^{\bar{3}}} v_s - \frac{\tau \beta T_{jr}^{\bar{3}}}{1-\beta T_{jr}^{\bar{3}}} \right) \quad (4-8)$$

第二节 改进的分支定价切割算法

针对 MIP－LNG，本书设计了改进的分支定价切割法进行求解（图 4－2）。首先，采用贪婪随机自适应方法确定初始解。然后，提供切和列生成的组合方法来求解该问题的松弛模型。在定价子问题中，本书设计了禁忌搜索算法来近似地求解槽车的路径。当禁忌搜索算法无法获得检验数为负的列时，则应用设计的标签算法进一步近似地求解槽车的路径，并使用前向标签算法（Pecin 等；2017）求解轮船的路径。如果路径的检验数小于零，则可以将该列加入 RMP。若所有路线的检验数都不小于零，则找到 RMP 的最优解。之后，将违反不等式的切添加到 RMP 中，如果没有违反的切和列，则迭代停止。最后，提出探索枚举树的分支策略以获得整数解。

一、定价子问题标签算法

由于所有的槽车都是相同的，所以槽车生成列的定价子问题（到达一组加气站的路线以及所到加气站的相应交货数量）可以分解为 S 个子问题，每个 $s \in S$ 对应一个子问题。特别地，接收站 $s \in S$ 的定价子问题（记为 $PS_s^{\bar{2}}$）是指寻找槽车最优基本路线 r 对应的最优极交付模式 p，在满足容量

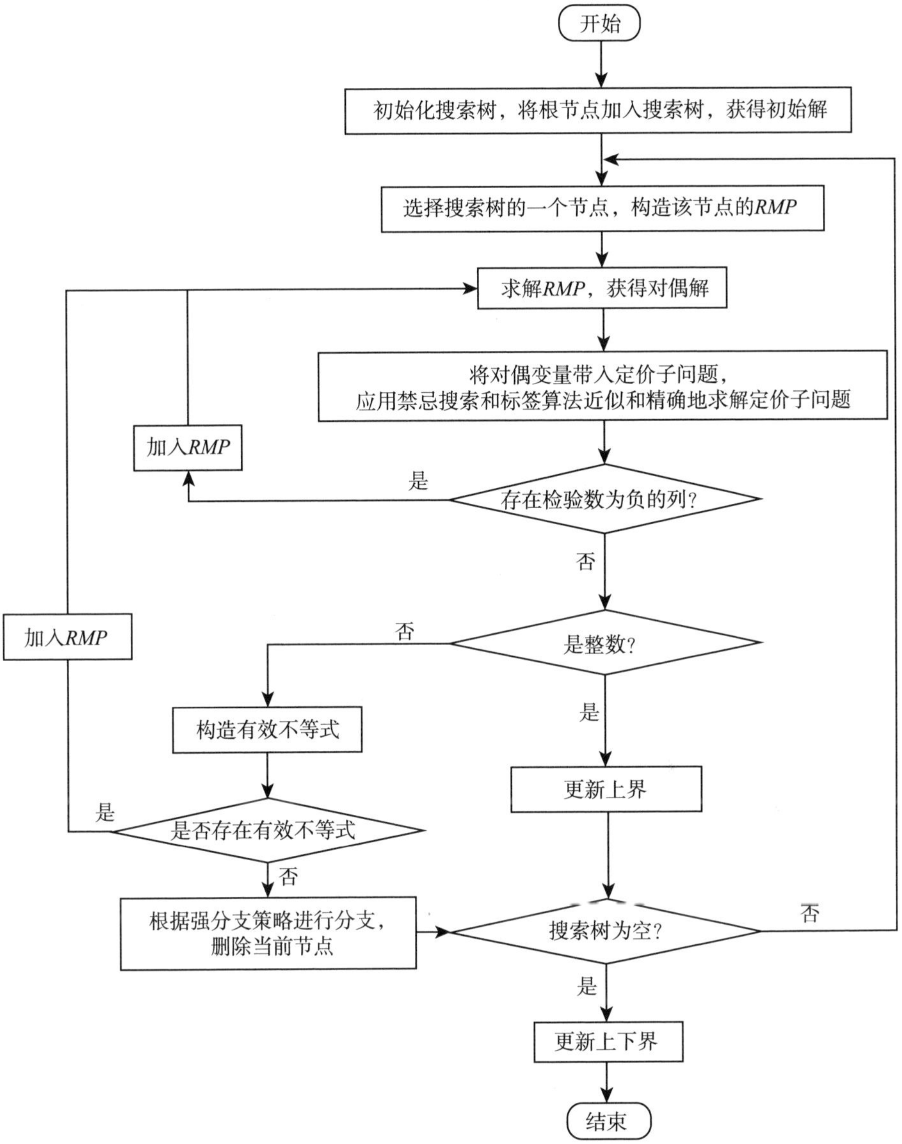

图 4-2　分支定价切割算法流程

约束和气化的同时，使式（4-5）值最小。

下文介绍定价子问题 $PS_s^{\bar{2}}$ 最优解的一些有用的结构属性，并将其用于设计定价子问题的求解算法。

定理 4.1 定价子问题 $PS_s^{\bar{2}}$存在一个最优解，其中交付模式必须是一个极交付模式。

证明：在定价子问题 $PS_s^{\bar{2}}$的解（列）下的检验数中，只有式（4－5）中的最后一项与对应路线 r 访问的加气站的交付量有关。对于所有 $j\in C$，都有 $\pi_j\geqslant 0$，$\nu_s\leqslant 0$。对于 r 路线上的任意点 j，如果$\pi_j+\frac{1}{1-\beta T_{jr}^{\bar{2}}}\nu_s-\frac{\tau\beta T_{jr}^{\bar{2}}}{1-\beta T_{jr}^{\bar{2}}}>0$，则尽可能多地配送 LNG，否则尽可能地少配送 LNG。因此，在定价子问题 $PS_s^{\bar{2}}$ 的最优解中，该路径中每个加气站的配送量除了可能最多有一个加气站的配送量是部分交付的之外，其余要么为零交付，要么为全部交付。

作为引理 4.1 证明的直接结论，可以得到以下推论：

推论 4.1 在定价子问题 $PS_s^{\bar{2}}$ 的最优解中，如果$\theta_j=\pi_j+\frac{1}{1-\beta T_{jr}^{\bar{2}}}\nu_s-\frac{\tau\beta T_{jr}^{\bar{2}}}{1-\beta T_{jr}^{\bar{2}}}\leqslant 0$，则加气站 $j\in C$ 在对应路径 r 中为零交付。

为了求解定价子问题 $PS_s^{\bar{2}}$，开发了一种标签算法。该算法在很大程度上取决于定理 4.1 和推论 4.1 的性质，其中每个标签都被编码为一个部分解，即从接收站 s 到一些加气站的遍历路线与相应的交付量。当把一个标签扩展到一个节点 u（除了接收站 s）时，这个标签可以在 u 被扩展为三个标签：第一个是 u 的零交付；第二个是部分交付；第三个是全部交付。

特别地，在本节的标签算法中，定义了一个标签 $\mathcal{L}_r=(j，T_j，L_j，s_j，\Delta_j，\Psi_j，C_j，V_j)$。其表示从接收站 s 到某加气站 $j\in C\cup\{s'\}$ 的可行部分路径 r 和与之对应的一个极交付模式，其中 s'为 s 的虚拟节点，且具体为：

j：最后被访问的点。

T_j：从接收站 s 到点 j 的交付时间。

L_j：全部交付的量之和，即部分路线 r 需要装载（包括气化量）的量。

s_j：二元变量，若部分交付则为 1，否则为 0。

Δ_j：在部分路线 r 中部分交付点 z 可能交付的最大量，其中 z 是部分交付的点。

Ψ_j：部分交付点 z 的单位对偶变量。

C_j：部分路线 r 的最小检验数。

V_j：所有被访问的点和由于部分路线 r 的时间限制而无法到达的点的集合。

出于 LNG 安全性的考虑，槽车运输不可超出一定的时间范围，如果违反最大工作时间约束，则认为点 $l\in C$ 在部分路线 r 中为不可达，即 $T_j+t_{jl}^{\bar{2}}+t_{us}^{\bar{2}}>T_{\max}$。

接收站 i 的初始标签设为 $\mathcal{L}_r=(s, 0, 0, 0, 0, 0, 0, \varnothing)$。给定一个访问到节点 $j\in C\cup s$ 的可行标签 $\mathcal{L}_r=(j, T_j, L_j, s_j, \Delta_j, \Psi_j, C_j, V_j)$，沿边（$j$，$u$）生成的新标签 $u\in C\cup\{s\}\setminus V_j$ 最多有 3 个。

情形 1：如果 $\pi_u+\dfrac{1}{1-\beta(T_j+t_{ju}^{\bar{2}})}\nu_s-\dfrac{\tau\beta(T_j+t_{ju}^{\bar{2}})}{1-\beta(T_j+t_{ju}^{\bar{2}})}\leqslant 0$ 且 $u\notin V_j$，则指派点 u 为零交付节点。得到一个新标签 $\mathcal{L}_{r'}=(u, T_u, L_u, s_u, \Delta_u, \Psi_u, C_u, V_u)$，其中 $T_u=T_j+t_{ju}^{\bar{2}}$，$L_u=L_j$，$s_u=s_j$，$\Delta_u=\Delta_j$，$\Psi_u=\psi_j$，$C_u=C_j+\vec{c}_{ju}^{\,srp}$，$V_u=V_j\cup\{u\}\cup UR_u$，$UR_u=\{l\in C\setminus(V_j\cup\{u\}):T_u+t_{ul}^{\bar{2}}+t_{ls}^{\bar{2}}>T_{\max}\}$ 且表示部分路线 r' 无法到达的点集合。

情形 2：如果 $\theta_u>0$，$L_j<Q^{\bar{2}}$，$u\notin V_j$ 且 $s_j=0$，则指派点 u 为部分交付节点。得到一个新标签 $\mathcal{L}_{r'}=(u, T_u, L_u, s_u, \Delta_u, \Psi_u, C_u, V_u)$，其中 $T_u=T_j+t_{ju}^{\bar{2}}$，$L_u=L_j$，$s_u=1$，$\Delta_u=\min\{d_j, Q^{\bar{2}}-L_j\}$，$\Psi_u=\theta_u$，$C_u=C_j+\vec{c}_{ju}^{\,srp}$，$V_u=V_j\cup\{u\}\cup UR_u$。

情形 3：如果 $\theta_u>0$，$L_j+\dfrac{d_u}{1-\beta T_u}<Q^{\bar{2}}$，$u\notin V_j$，则指派点 u 为完全交付点。得到一个新的标签 $\mathcal{L}_{r'}=(u, T_u, L_u, s_u, \Delta_u, \Psi_u, C_u, V_u)$，其中 $T_u=T_j+t_{ju}^{\bar{2}}$，$L_u=L_j+\dfrac{d_u}{1-\beta T_u}$，$s_u=s_j$，$\Delta_u=\min\left\{\Delta_j, Q^{\bar{2}}-L_j-\dfrac{d_u}{1-\beta T_u}\right\}$，$\Psi_u=\psi_j$，$C_u=C_j+\vec{c}_{ju}^{\,srp}-d_u\left(\pi_u+\dfrac{1}{1-\beta T_u}v_s-\dfrac{\tau\beta T}{1-\beta T_u}\right)$，$V_u=V_j\cup\{u\}\cup UR_u$。

考虑一个结束节点 s' 的标签 $\mathcal{L}_r=(s', T_{s'}, L_{s'}, s_{s'}, \Delta_{s'}, \Psi_{s'}, C_{s'}, V_{s'})$。如果 $s_{s'}=1$，则完整路线的真正检验数为 $Z(r)=C_{s'}-\Delta_{s'}\Psi_{s'}$。

任何标签算法的效率都严重依赖占优规则，该规则允许砍掉大量不可能产生比另一个标签更优路径的标签。由于标签的检验数是一个关于部分交付点的交付量的线性函数，并且该线性函数是一个有限的定域，当比较两个标签时，只有两个线段需要进行比较。结合 Desaulniers（2010）的观点，可以采用以下占优规则进行标签消除。

引理 4.2 如果满足以下约束，那么标签 $\mathcal{L}_r=(j, T_j, L_j, s_j, \Delta_j, \Psi_j, C_j, V_j)$，占优标签 $\mathcal{L}_{r'}=(j, T'_j, L'_j, s'_j, \Delta'_j, \Psi'_j, C'_j, V'_j)$，$\mathcal{L}_{r'}$可以被消除。其中$T_j \leqslant T'_j$，$L_j \leqslant L'_j$，$s_j \leqslant s'_j$，$V_j \leqslant V'_j$，$\overline{C}_j-\Delta_j\Psi_j \leqslant \overline{C'}_j-\Delta'_j\Psi'_j$，$\overline{C}_j-(L'_j-L_j)\Psi_j \leqslant \overline{C'}_j$，$\overline{C}_j-(L'_j+\Delta'_j-L_j)\Psi_j \leqslant \overline{C'}_j-\Delta'_j\Psi'_j$。

引理 4.3 对于最后一个访问节点为 $i \in C$ 的任一标签（T_i，L_i，s_i，Δ_i，Ψ_i，C_i，V_i）$\in UL_j$，令$j^*=\arg\min\limits_{j \in C \setminus V_i}(c_{ij}^{\bar{2}}+c_{js'}^{\bar{2}})$，那么可以得到：

$$LB(\mathcal{L}_r)=C_i+c_{ij^*}^{\bar{2}}+c_{j^*s'}^{\bar{2}}+\Delta_i\Psi_i+\sum_{j \in C \setminus V_i} d_j \min\left\{0, \frac{\tau\beta(T_i+t_{ij}^{\bar{2}})-\nu_s}{1-\beta(T_i+t_{ij}^{\bar{2}})}-\pi_j\right\}-\sum_{j \in C \setminus (C_b \cup V_i)}\rho_j \tag{4-9}$$

$LB(\mathcal{L}_r)$是由部分路径 r 扩展出的任意完整路径的检验数下界，若 $LB(\mathcal{L}_r) \geqslant 0$，则标签 $\mathcal{L}_r$被抛弃。

证明：令 $r \oplus r'$是由部分路径 r 沿部分路径r'扩展出的任意完整可行路径，$R(r')$ 表示路径r'的节点集合。由于槽车路径成本满足三角不等式，显然地，$c_{ij^*}^{\bar{2}}+c_{j^*s'}^{\bar{2}}$是部分路径 $i \oplus r'$总路径成本的下界。$\frac{\tau\beta x}{1-\beta x}$和$\frac{-\nu_s}{1-\beta x}$在$x \geqslant 0$时是非增的，并且对于任意 $j \in C \setminus V_i$，$T_i+t_{ij}^{\bar{2}} \leqslant T_{j,r\oplus r'}^{\bar{2}}$，槽车运输时间满足三角不等式，因此 $\frac{\tau\beta(T_i+t_{ij}^{\bar{2}})-\nu_s}{1-\beta(T_i+t_{ij}^{\bar{2}})}-\pi_j \leqslant \sum\limits_{j \in R(r')}\left(\frac{\tau\beta T_{j,r\oplus r'}^{\bar{2}}-\nu_s}{1-\beta T_{j,r\oplus r'}^{\bar{2}}}-\pi_j\right)$。此外，如果$\Psi_i \neq 0$，则表示部分路径 r 上有部分交付节点，$\Delta_i\Psi_i$是分批交付节点贡献到检验数上的下界值。由于对偶变量ρ_j（$j \in C \setminus C_b$）是非负的且$R(r') \subseteq C \setminus (C_b \cup V_i)$，并有 $\sum\limits_{j \in C \setminus (C_b \cup V_i)}\rho_j \geqslant \sum\limits_{R(r')}\rho_j$，所以 $LB(\mathcal{L}_r)$ 是路径$r \oplus r'$的检验数的下界。

$LB(\mathcal{L}_r)\geqslant 0$ 说明任意由部分路径拓展得到的完整路径的检验数都是非负的。因此，若 $LB(\mathcal{L}_r)\geqslant 0$，则抛弃标签 $\mathcal{L}_r$。

基于上述问题的性质，下面正式给出标签算法的伪代码，称为算法4.1，如表4-1所示。

表4-1 标签算法

算法4.1 标签算法伪代码

输入：S C c_{ij} $(i=1,\cdots,n;\ j=1,\cdots,n)$ d_j $(j=1,\cdots,n)$
输出：三列最负的检验数路径
$\mathcal{L}_j\leftarrow\varnothing$，$\forall j\in C$
$\mathcal{L}_0\leftarrow\{(0,0,0,0,0,0,0,\varnothing)\}$
设 $UL_0:=\{\mathcal{L}_0\}$
对于任意 $j\in C$
  设 $UL_j:=\varnothing$
当 $\bigcup_{j\in C}UL_j\neq\varnothing$
  选择一个标签 $\mathcal{L}_r\leftarrow(j,T_j,L_j,s_j,\Delta_j,\Psi_j,C_j,V_j)\in UL_j$（其中 $UL_j\neq\varnothing$）
  对任意 $(j,u)\in A_2$ $(u\notin V_j)$
    * $u\in C$ 指派为零交付 *
    如果 $\theta_u\leqslant 0$，那么
    $\mathcal{L}_u\leftarrow(T_j+t_{ju}^{\bar{2}},L_j,s_j,\Delta_j,\Psi_j,C_j+\vec{c}_{ju}^{\,grp},V_j\cup\{u\}\cup UR_u)$
    * $u\in C$ 被指派为部分交付 *
    如果 $\theta_u>0$ 和 $L_j<Q_{\bar{2}}$，那么
    $\mathcal{L}_u\leftarrow(T_j+t_{ju}^{\bar{2}},L_j,1,\min\{d_j,Q_{\bar{2}}-L_j\},\theta_u,C_j+\vec{c}_{ju}^{\,grp},V_j\cup\{u\}\cup UR_u)$
    * $u\in C$ 被指派完全交付 *
    如果 $\theta_u>0$ 和 $L_j+\dfrac{d_u}{1-\beta T_u}<Q_{\bar{2}}$，那么
    $$\mathcal{L}_u\leftarrow\left(T_j+t_{ju}^{\bar{2}},L_j+\frac{d_u}{1-\beta T_u},s_j,\min\left\{\Delta_j,Q_{\bar{2}}-\mathcal{L}_j-\frac{d_u}{1-\beta T_u}\right\},\Psi_j,\bar{c}_j+\vec{c}_{ju}^{\,grp}-d_u\left(\pi_u+\frac{1}{1-\beta T_u}v_s-\frac{\tau\beta T_u}{1-\beta T_u}\right),V_j\cup\{u\}\cup UR_u\right)$$
  插入标签←为真
  对任意 $\mathcal{L}\in\{UL_u\}$
    如果 $\mathcal{L}_u$ 占优 $\mathcal{L}$ 那么
      删除 $\mathcal{L}$
    如果 $\mathcal{L}$ 占优 $\mathcal{L}_u$ 那么
      插入标签←为假，跳出循环
    对 UL_j 中的任意标签 $\mathcal{L}$，若式（4-9）是有效的，删除 $\mathcal{L}$
  如果插入标签为真，那么
    令 $UL_u:=UL_u\cup\{\mathcal{L}_u\}$，$UL_j:=UL_j\setminus\{\mathcal{L}_j\}$
整个路线的检验数为 $Z(r)=C_j-\Delta_j\Psi_j$

二、定价子问题启发式算法

本部分提出了贪婪随机自适应方法和禁忌搜索算法两种方法用于启发式地生成列。如果前一个接收站 $i \in S$ 的列已经生成，那么这些列在后一个接收站（$j>i$，$j \in S$）中也可能是检验数小于零的可行路径。据此，用 j 替换接收站 i，重新计算这些列在接收站 j 的检验数，如果检验数小于 0，则加入接收站 j 的路径集合，否则启动第二种方法即禁忌搜索算法进行求解。

本节提供了一个禁忌搜索算法（TS）来快速求解第 i 个定价子问题。TS 是 Glover 和 Laguna（1998）提出的一种启发式搜索和优化方法。该方法通过在每次迭代中从一个解 s 移动到其邻域子集 N（s）来探索解空间，从而获得最优解。具体而言，从一个初始解开始，根据一定的邻域结构，不断移动，寻找更好的解。当前的解可能在迭代中退化，因此，为了避免循环，最近被探索过的解的某些属性被暂时宣布为禁忌或禁止，除非它们的成本低于所谓的期望水平。在本章中，将之前生成的检验数等于 0 的路径作为初始列，然后将解赋给当前最优解和全局最优解，用移除和插入来搜索邻域解（Archetti 等，2011）。具体算法流程见表 4-2。在每次迭代中，都会产生一个最优移动被储存为 i_{best}，对应的路径和模式分别为 r_{best} 和 w_{best}，如果 i_{best} 从路径 r 中移除了，那么 i_{best} 被添加到禁忌列表 TL_{insert} 中，那么在路径 r 插入 i_{best} 是被禁止的。同理，如果 i_{best} 插入路径 r，那么 i_{best} 被添加到禁忌列表 TL_{remove} 中，在路径 r 移除 i_{best} 是被禁止的。当禁忌列表中的点达到迭代次数时将被删除。maxCol 表示可以生成检验数为负的列的最大数目，S^N 是禁忌搜索算法生成检验数为负的列的数量。禁忌搜索算法被称为算法 4.2。

表 4-2 禁忌搜索算法

算法 4.2 禁忌搜索算法伪代码

令 $S^N \leftarrow \emptyset$
选取路径集 $R^B(\bar{c}_{rw}=0)$
对于每条路径 $r \in R^B$
    如果 $\bar{c}_{rw}<0$，那么
        $S^N \leftarrow S^N \cup \{(r, w)\}$

（续）

算法 4.2 禁忌搜索算法伪代码

```
        如果 | S^N | =maxCol，那么
            返回 S^N
TL_remove ← Ø，TL_insert ← Ø，iter ← 1
当 iter ≤ maxiter
    r_best ← NIL，w_best ← NIL，i_best ← NIL
    对于每个点 i∈C_r
        如果 i∉TL_remove，那么
            w ← (r−i) 可配送的量
            如果 c̄_{r−i,w} < 0，那么
                S^N ← S^N ∪ {(r−i, w)}
              如果 | S^N | =maxCol，那么
                返回 S^N
            如果 r_best =NIL 或者 c̄_{r−i,w} < c̄_{r_best,w_best}
                r_best ← r−i，w_best ← w，i_best ← i
对于每个点 i∈C \ C_r
    如果 i∉TL_insert，那么
        w ← (r+i) 可配送的量
            如果 c̄_{r+i,w} < 0，那么
                S^N ← S^N ∪ {(r+i, w)}
                如果 | S^N | =maxCol，那么
                  返回 S^N
            如果 r_best =NIL 或者 c̄_{r+i,w} < c̄_{r_best,w_best}
                  r_best ← r+i，w_best ← w，i_best ← i
如果 r_best 更新了，那么
    如果 i_best ∈ C_r，那么
        TL_remove ← TL_remove ∪ {i_best}
    否则
        TL_insert ← TL_insert ∪ {i_best}
    r ← r_best
    1iter ← iter+1
    更新 TL_remove 和 TL_insert
返回 S^N
```

三、有效不等式

为了加强上述 MIP - LNG 松弛约束的界，应用以下两个有效不等式：

1. 强 k -路（Strong k - path，*SP*）切

k -路切可以被加强如下：

$$\sum_{s \in S} \sum_{r \in \mathfrak{R}_s^{\bar{2}}} \sum_{p \in \mathfrak{P}_r} b_{Ur} \lambda_{rp}^{\bar{2}} \geqslant k_U \quad \forall U \in C \tag{4-10}$$

在路径 r 的模式 p 中，如果路径 r 进入子集 U，二元参数 b_{Ur}（$\forall U \in C$）将等于 1。显然，这些不等式比（4－2i）更强，因为（4－2i）计算每个路径进入子集 U 的次数。在定价问题中，当一个部分路径访问这个子集 U 中的第一个客户时，标签的检验数减去相应的对偶变量 η_U。占优规则也需要被修改，对应的修改与 Archetti 等（2022）提出的类似。

对于 k－路切不等式，本章首先执行 Ralphs 等（2003）针对经典 VRP 提出的两个启发式分离算法。第一种启发式分离算法称为扩展收缩启发式分离算法，其工作原理为：设 $\tilde{\lambda}$ 是当前 RMP 的解且 $\tilde{y}_{jl} = \sum_{s \in S} \sum_{r \in \mathfrak{R}_s^{\bar{2}}} \sum_{p \in \mathfrak{P}_r} b_{jlr} \tilde{\lambda}_{rp}^{\bar{2}}$ 表示经过弧 $(j, l) \in A^{\bar{2}}$ 上的总数。启发式分离算法是一个迭代的过程，每次迭代时，选择 $\tilde{y}_{jl} + \tilde{y}_{lj}$ [$(j, l) \in A^{\bar{2}}$，$j \neq 0$，$l \neq s$] 最大值的弧。如果与 j 和 l 相关的点组成的子集 U 违反了不等式（4－10），则将该不等式加入 RMP。否则，弧将收缩为一个超顶点（将与 j 和 l 相关的所有点作为一个组），并继续迭代。当没有更多可收缩的弧时，该过程停止。另一种启发式分离算法是基于路径启发式分离算法，从 U（连接组件的顶点集）开始，它考虑访问 U 中至少一个顶点的所有正值列，这些列由（r，w）表示，将它们根据 $\tilde{\lambda}_{rp}^{\bar{2}} - \sum_{i \in U \cap N_r} d_i / Q$ 的值从大到小进行排序。然后，从第一列（r，w）开始，从集合 U 中移除 N_r 的所有点，如果新集合违反了不等式，则将该不等式添加到 RMP 中，否则，继续迭代该过程。如果当前集合中的剩余顶点数量小于最小秩（在本章测试中预设为 3），则停止该过程。

在搜索 k－路切时，优先考虑弱切，使用如下分离算法：通过扩展收缩启发式分离算法和基于路径启发式分离算法对 k－路切进行搜索，如果发现了弱切，它们将被添加到 RMP 中，而所有已有的强切将被删除；否则，如果只找到强 k－路切，它们就被添加到 RMP 中。如果这两种启发式分离算法都没有发现弱切，那么验证当前 RMP 中的弱 k－路切的强切是否被违反。如果违反，弱切将被其强切取代；如果没有弱切被转换为强切，则调用 Desaulniers（2010）的枚举分离算法。

2. 子集行（Subset－row，*SR*）切

Jepsen 等（2008）引入的子集行切对一般的集划分模型来说是有效的，本章重点讨论这些不等式的一个特殊情况，即只考虑 C 中 3 个加气站的子集且乘子为 0.5。由此产生的 SR 不等式定义如下：

$$\sum_{s\in S}\sum_{r\in \Re_s^{\bar{2}}}\left\lfloor\frac{\sum_{j\in G} a_{jp}^{\bar{2}}}{2}\right\rfloor\lambda_r^{\bar{2}}+\sum_{s\in S}\sum_{r\in \Re_s^{\bar{3}}}\left\lfloor\frac{\sum_{j\in G} a_{jp}^{\bar{3}}}{2}\right\rfloor\lambda_r^{\bar{3}}\leqslant 1 \quad \forall G\in \Gamma$$

（4－11）

其中，Γ 是子集 $G\subseteq C$ 的集合，这样 $|G|=3$。根据路径 $r\in\Re_s^{\bar{2}}$的模式 p，如果路径访问客户 j 并执行完全交付则 $a_{jp}^{\bar{2}}=1$，否则为 0。$a_{jr}^{\bar{3}}=1$ 表示路线 $r\in\Re_s^{\bar{3}}$访问客户 j。

此外，对于 SR 不等式（4－11）的对偶变量$\nu_G\neq 0$，在标签算法中需要记录部分路径中子集 G 收到完整交付的点的个数。当在一条路径上个数达到 2 时，将从标签的检验数中减去对应的对偶变量ν_G。占优规则也需要做出相应的修改，所需的修改与 Jepsen 等（2008）提出的修改类似。

在分支定价算法中，在求解过程中有五类切将被添加到 RMP 中，即弧切、容量切（CC）、弱 k－路切（WP）和强 k－路切（SP）以及子集行切（SR）。在 Desaulniers（2010）中，这些切只在分支树的前几个节点中（在本章实验中，只用于深度小于或等于 2 的节点）搜索并添加。在每个节点中，执行以下切策略：同一类型的切会被同时添加。按照以下顺序寻找违反的不等式：弧切、弱 k－路切、强 k－路切、容量切、子集行切。这个顺序有利于识别效率很高且计算成本不高的弱 k－路切。在一个节点中，当没有发现弱 k－路切或强 k－路切时，就再识别容量切和子集行切。

四、初始路径构造

初始路径的优劣对求解 MIP－LNG 的最优解至关重要，本部分设计了贪婪随机自适应方法生成第二阶段的初始路径，第一阶段路径通过枚举法生成。

生成第二阶段路径的过程如下：对于每个 $s\in S$，$m\in M$，在以 s 开头和结尾的路线r_s中随机添加一个未被指派的加气站$b \in C_{\widetilde{m}}$（$C_{\widetilde{m}}$为可以由车辆类型 m 访问的节点集合），直到没有可添加的点为止，且不违反容量约束$\ddot{Q}_m = Q_m(1-\beta T_{\max})$。对每一个可能的接收站重复此过程，直到所有客户的需求都通过两阶段路径交付。对生成两阶段路径的过程进行 δ 次迭代，然后选择 N 个两阶段路径的最佳路径集，并对这 N 个路径集进行局部改进，具体算法流程见表 4-3，且生成初始路径的算法称为算法 4.3。

表 4-3　生成初始路径

算法 4.3　生成初始路径的伪代码

输入：S　$C_m(m \in M)$　$k_m^s(s \in S,\ m \in M)$　c_{ij}（$i=1, \cdots, n;\ j=1, \cdots, n$）　d_i（$i=1, \cdots, n$）

输出：$\mathfrak{R}_1$是可行的第一阶段路径集，N 是可行的第二阶段路径集

步骤 1：通过枚举生成第一阶段路径集

步骤 2：生成 N 个最优的第二阶段路径集

　　当 $k \leqslant \delta$

　　　对于每个接收站 $s \in S$

　　　　对于每种车型 $m \in M$

　　　　　对于每辆车 $v \leqslant k_m^s$

　　　　　　从未指派的加气站$C_{\widetilde{m}}$中随机选择节点 b 添加到路径r_s中

　　　　　　如果 $C_{\widetilde{m}} \neq \varnothing$ 和 $Q_s + d_b < Q_m$那么

　　　　　　　$r_s \leftarrow r_s \cup b$　　$C_{\widetilde{m}} \leftarrow C_{\widetilde{m}} \setminus b$

　　　　直到$C_{\widetilde{m}} = \varnothing$或超出容量限制，然后$R_s \leftarrow R_s \cup r_s$

　　　合并路径集R_s，$\forall s \in S$，形成完整的访问R_2

　　　$H \leftarrow H \cup R_2$

　在 H 中选择 N 个最优可行解；

步骤 3：改进二级路径；

　对每一个路径集 $R_2 \in N$

　　对每一个路径集在$R_s \in R_2$中

　　　在同一路线上随机交换两个点

　　　　如果产生更优的可行路线，那么

　　　　　用这个新路线替换原来的路线

　　　　　　返回$\mathfrak{R}_1$和 N

五、分支策略

在分支定界树的任意节点上，设 $\{\bar{\lambda}_r^1,\ r \in \mathfrak{R}_1\}$ 和 $\{\bar{\lambda}_{rp}^2,\ s \in S,\ r \in \mathfrak{R}_s^2,\ p \in \mathfrak{P}_r\}$。$\{\bar{\lambda}_r^3,\ s \in S,\ r \in \mathfrak{R}_s^3\}$ 是实现行和列生成后的最后一个解。

本书执行以下四类分支决策：

（1）第一阶段，在路径变量 $\{\lambda_{r_1}^{v}, r_1 \in \Re_1, v \in K_1\}$ 上进行分支，选择最接近 0.5 的 $\bar{\lambda}_r^{\bar{1}}$，创造两个分支取 $\bar{\lambda}_r^{\bar{1}}=0$ 或 $\bar{\lambda}_r^{\bar{1}}=1$。

（2）第二阶段，对每个接收站上使用的槽车的数量（$H_s^{\bar{2}} = \sum_{r\in\Re_s^{\bar{2}}}\sum_{p\in\mathfrak{P}_r}\lambda_{rp}^{\bar{2}}$）和轮船的数量（$H_s^{\bar{3}} = \sum_{r\in\Re_s^{\bar{3}}}\lambda_r^{\bar{3}}$）进行分支，如果 $\sum_{r\in\Re_s^{\bar{2}}}\sum_{p\in\mathfrak{P}_r}\lambda_{rp}^{\bar{2}}$ 是分数，那么创造两个分支 $\sum_{r\in\Re_s^{\bar{2}}}\sum_{p\in\mathfrak{P}_r}\lambda_{rp}^{\bar{2}} \leqslant \sum_{r\in\Re_s^{\bar{2}}}\sum_{p\in\mathfrak{P}_r}\lambda_{rp}^{\bar{2}}$ 和 $\sum_{r\in\Re_s^{\bar{2}}}\sum_{p\in\mathfrak{P}_r}\lambda_{rp}^{\bar{2}} \geqslant \sum_{r\in\Re_s^{\bar{2}}}\sum_{p\in\mathfrak{P}_r}\lambda_{rp}^{\bar{2}}$。

（3）对每个接收站槽车（$\sum_{r\in\Re_s^{\bar{2}}}\sum_{p\in\mathfrak{P}_r}\lambda_{rp}^{\bar{2}}a_{jr}^{\bar{2}}$）和轮船（$\sum_{r\in\Re_s^{\bar{3}}}\lambda_r^{\bar{3}}a_{jr}^{\bar{3}}$）访问点 j 的次数来说，如果 $\sum_{r\in\Re_s^{\bar{2}}}\sum_{p\in\mathfrak{P}_r}\lambda_{rp}^{\bar{2}}a_{jr}^{\bar{2}} > 1$ 且在某个接收站（$s\in S$）的值是分数，则创造两个分支，$\sum_{r\in\Re_s^{\bar{2}}}\sum_{p\in\mathfrak{P}_r}\lambda_{rp}^{\bar{2}}a_{jr}^{\bar{2}} = 0$（$s'\in S$，$s'\neq s$）和 $\sum_{r\in\Re_s^{\bar{2}}}\sum_{p\in\mathfrak{P}_r}\lambda_{rp}^{\bar{2}}a_{jr}^{\bar{2}} \geqslant \sum_{r\in\Re_s^{\bar{2}}}\sum_{p\in\mathfrak{P}_r}\lambda_{rp}^{\bar{2}}a_{jr}^{\bar{2}}$。

（4）对弧进行分支，$y_{ij}^{*\bar{2}} = \sum_{r\in\Re_s^{\bar{2}}} b_{ijr}\lambda_{rp}^{\bar{2}}$，$s\in S$，$(i, j)\in A_{\bar{2}}$ 或者 $y_{ij}^{*\bar{3}} = \sum_{r\in\Re_s^{\bar{3}}} b_{ijr}\lambda_r^{\bar{3}}$，$s\in S$，$(i, j)\in A_{\bar{3}}$。如果 $y_{ij}^{*\bar{2}}$ 在弧 $(i, j)\in A_{\bar{2}}$ 时的值是分数，那么创建两个分支 $y_{ij}^{*\bar{2}}=0$ 和 $y_{ij}^{*\bar{2}}=1$，选择 $y_{ij}^{*\bar{2}}$ 最接近 1/2 的组合 $\{i, j, s\}$。当 $y_{ij}^{*\bar{2}}$ 在节点中被禁止时，可以从该节点接收站 i 的列集合中移除包含该弧的列，在列生成中禁止访问该弧。当 $y_{ij}^{*\bar{2}}$ 固定为 1 时，需要从节点接收站 $s'\neq s$ 的列集合中删除包含该弧的列。

每个节点上分支变量的选择是使用了 Pecin 等（2017）提出的复杂层次评估策略来完成的。这个方法需要花更多的时间来评估分支树的最低级别上的分支变量，其中每次选择都对总体计算时间有很大的影响，随着级别的增加评估所需的时间越少。

本章在 Pecin 等（2017）的复杂层次评估策略中选用了两种评估策略。

在第一种评估策略下，根据其小数值距离最接近整数的大小来选择候选节点，最多选出的候选节点数为 ξ 个。在第二种评估策略下，通过为每个创建的子节点修改当前受限制的主问题，在不生成列的情况下，通过求解主问题的松弛解来评估所选择的候选者。选择 $\Delta LB_1 \times \Delta LB_2$ 最大值的变量，其中 ΔLB_i（$i=1$，2）表示第 i 个子节点的当前下界的增加。

第三节　分支定价切割算法效率实验

在本节中，展示了大量数值研究的结果，验证并分析了本章开发的算法的性能。所有的算法均用 Java 编程来实现。本实验使用 IBM ILOG CPLEX 求解器 12.8.0 版本来求解模型，并在一台 4GB 内存和 3.40 - GHz CPU 的个人计算机上进行所有数值研究。实验结果以秒为单位记录了每个算例的求解时间。

本节考虑了两组实例，即 Gonzalez - Feliu 等（2008）中设计的数据集的集合 2 和集合 3。在所有案例下，旅行距离为欧式距离，根据实际调研数据给出了槽车和船的相关系数如表 4 - 4 所示。其中，数量是不同交通工具可用的数量，第一阶段船可用的数量为 4 艘，每艘船最多可装的储罐数为 $g=4$。槽车和船的数量指的是在每个接收站可提供的槽车和船的数量，运输成本系数是单位距离下不同运输工具产生的旅行成本。

表 4 - 4　在 LNG 两阶段路径优化实验中的参数

参数	LNG 船	槽车	船
数量	4	2～5	1～2
运输成本系数［美元/(千米×吨)］	8	1	0.3
速度（千米/小时）	40	60	30

槽车和船的容量根据实例而定，表 4 - 4 给出了实验中不同实例的相关参数，其中 $|C|$ 为客户数量，$|S|$ 为中转点数量。在第一阶段，算例的车辆数 K_1 和车辆储罐容量 ρ 是根据总需求 $\sum_{i \in C} d_i$、接收站的最大库存容量（$\overline{H_s}|S|$）和船的总容量（$K_1 \rho g$）进行设定的，使得 $\min\{\overline{H_s}|S|, K_1 \rho g\}$

和 $\sum_{i \in C} d_i$ 的比值大于 1.5 小于 2。此外，每个接收站的最小和最大存储容量设为$\underline{H}_i = \frac{1}{2}\rho$ 和$\overline{H}_i = 3\rho$。类似地，在第二阶段槽车和船的车辆数和车辆容量依据槽车和船的总容量（$K_s^{\bar{2}} Q^{\bar{2}} + K_s^{\bar{3}} Q^{\bar{3}}$）和总需求设置，总容量与总需求的比值大于 1.5 小于 2。

对于每个算例的加气站 $|C|$ 而言，可以生成可被船访问的加气站个数 $|C_b| = \lfloor \theta |C| \rceil$。在本章的数值实验中，$\theta$ 设为 0.5。结合 Ghiami 等（2019）的问题设置实际运输场景，设定 LNG 船、槽车和船的运输成本系数为 8 美元/(千米×吨)、1 美元/(千米×吨) 和 0.3 美元/(千米×吨)，气化率为 0.1%，气化量的成本系数 τ 为 100 美元/吨。LNG 两阶段路径优化实验的算例集的参数，如表 4－5 所示。

表 4－5　LNG 两阶段路径优化实验的算例集的参数

算例集	$\|C\|$	$\|S\|$	K_1	ρ	$K_s^{\bar{2}}$	$Q^{\bar{2}}$	$K_s^{\bar{3}}$	$Q^{\bar{3}}$
				集合 2				
E－n22－s2	21	2	2	9 000	1	7 000	2	3 000
E－n33－s2	32	2	2	13 000	1	9 000	3	2 500
E－n33－s3	32	3	2	13 000	1	7 000	2	2 500
E－n33－s4	32	4	2	8 000	1	7 000	2	2 500
E－n33－s5	32	5	2	8 000	1	7 000	1	2 500
E－n51－s2	50	2	2	150	1	130	2	70
E－n51－s4	50	4	4	150	2	130	4	70
				集合 3				
E－n22－s2	21	2	2	9 000	1	7 000	2	3 000
E－n33－s2	32	2	2	13 000	1	9 000	3	2 500
E－n51－s2	50	2	2	150	2	130	4	70

一、算法组成部分有效性分析

通过应用分支定价切割算法求解集合 2、集合 3 中的算例，以此来评估算法的性能。表 4－6 和表 4－7 记录了算例求解的结果，其中每列分别为集合中每个算例；通过利用 Cplex 求解原模型得出的 Gap，记为 $Cp.Gap$；本章提出算法的平均求解时间（*A. Time*），以秒为计算单位；最优整数值和下界值之间的百分比差距（*Gap*）；定价子问题的求解时间（*PS Time*）；共搜索的平均节点数（*Node*）；平均迭代次数（*Iter*）；算法过程中加的切的数量——加弱 *k* -路切的数量（*WP*）、加强 *k* -路切的数量（*SP*）、加子集行切的数量（*SR*）、加容量切的数量（*CC*）。每个算例进行 20 组实验，限制时间上限为 3 小时，分别记录实验的平均值。Cplex 在实验中无法在限制时间内求得算例的最优解，求解时超出内存的用“—”表示。

表 4-6　分支定价切割算法求解集合 2 的结果

算例	*Cp. Gap* (%)	*A. Time* (秒)	*Gap* (%)	*PS-Time* (秒)	*Node*	*Iter*	*WP*	*SP*	*SR*	*CC*
E-n22-k4-s6-17	9.93	52.94	0.00	36.75	25.63	109.00	4.50	5.00	17.88	2.63
E-n22-k4-s8-14	11.23	77.52	0.00	47.85	29.00	149.56	5.11	3.89	22.78	4.44
E-n22-k4-s9-19	4.90	84.90	0.00	65.90	18.67	92.00	10.00	13.33	8.67	4.00
E-n22-k4-s10-14	8.44	55.19	0.00	38.50	9.86	91.29	6.29	3.86	25.57	4.29
E-n22-k4-s11-12	6.19	53.84	0.00	33.06	25.00	124.60	5.00	5.80	16.00	3.80
E-n22-k4-s12-16	10.38	32.64	0.00	20.13	12.67	83.22	7.67	2.22	14.22	3.44
E-n33-k4-s1-9	—	401.65	0.00	302.00	3.00	91.00	3.00	9.67	42.00	12.67
E-n33-k4-s2-13	—	1 726.62	0.00	1 413.26	77.25	174.13	6.63	9.75	28.38	13.13
E-n33-k4-s3-17	—	2 244.82	0.00	1 827.03	87.83	187.17	7.17	9.83	26.50	8.50
E-n33-k4-s4-5	—	1 400.65	0.00	1 898.38	44.00	219.00	2.60	5.80	50.00	11.00
E-n33-k4-s7-25	—	312.03	0.00	286.32	5.00	76.00	4.20	5.40	15.00	4.60
E-n33-k4-s14-22	—	285.33	0.00	260.48	5.00	68.67	4.50	4.67	15.83	5.00
E-n51-k5-s2-4-17-46	—	6 051.00	0.00	5 578.90	27.63	198.63	7.25	16.88	55.25	10.00
E-n51-k5-s2-17	—	10 800.00	1.35	8 870.61	57.00	408.33	9.00	13.33	90.90	7.00
E-n51-k5-s4-46	—	10 800.00	0.95	8 562.49	110.70	509.40	3.80	14.60	77.60	8.00
E-n51-k5-s6-12	—	10 800.00	1.68	9 696.03	41.50	316.67	11.67	17.50	87.67	6.83
E-n51-k5-s6-12-32-37	—	7 317.11	0.00	6 425.54	24.29	174.29	9.00	16.57	57.71	8.57
E-n51-k5-s11-19	—	10 313.29	0.00	8 765.32	54.75	391.50	8.63	24.00	74.63	6.50
E-n51-k5-s11-19-27-47	—	6 381.15	0.00	5 596.17	17.40	145.40	8.10	23.70	55.00	8.70
E-n51-k5-s27-47	—	10 800.00	1.72	9 708.25	23.00	291.67	9.50	15.17	78.00	7.50
E-n51-k5-s32-37	—	10 800.00	1.45	10 012.57	24.00	265.67	6.00	13.50	80.00	7.50

表 4-7 分支定价切割算法求解集合 3 的结果

算例	*Cp.Gap* (%)	*A.Time* (秒)	*Gap* (%)	*PS-Time* (秒)	*Node*	*Iter*	*WP*	*SP*	*SR*	*CC*
E-n22-k4-s13-14	8.36	25.65	0.00	25.30	2.00	68.60	10.60	6.00	23.90	6.00
E-n22-k4-s13-16	9.31	33.47	0.00	27.88	4.30	80.10	9.80	7.30	26.10	7.30
E-n22-k4-s13-17	9.41	39.44	0.00	54.98	8.10	76.90	9.70	6.70	18.70	6.00
E-n22-k4-s14-19	11.10	24.30	0.00	40.09	14.70	101.60	7.20	5.30	20.50	5.80
E-n22-k4-s17-19	13.66	65.07	0.00	54.35	9.75	110.13	7.25	4.75	31.13	6.75
E-n22-k4-s19-21	13.82	73.81	0.00	55.57	11.63	130.13	7.88	6.63	41.00	7.13
E-n33-k4-s16-22	—	3 622.81	0.00	3 326.62	25.60	200.20	9.20	19.60	23.40	13.00
E-n33-k4-s16-24	—	2 480.90	0.00	4 203.77	21.80	170.00	8.80	20.20	25.40	10.80
E-n33-k4-s19-26	—	2 477.83	0.00	1 724.77	37.17	237.50	6.67	11.17	28.67	22.33
E-n33-k4-s22-26	—	2 812.95	0.00	2 015.92	25.00	200.67	7.67	18.67	48.00	15.33
E-n33-k4-s24-28	—	2 325.52	0.00	1 587.18	29.00	190.33	8.00	16.00	30.67	14.67
E-n33-k4-s25-28	—	4 462.91	0.00	3 305.81	29.71	210.00	7.29	11.86	33.00	16.71
E-n51-k5-s13-19	—	10 800.00	1.23	8 797.22	72.00	224.00	12.00	17.00	96.20	6.00
E-n51-k5-s13-42	—	10 800.00	1.12	9 176.53	171.00	226.60	11.50	15.50	94.40	7.00
E-n51-k5-s13-44	—	10 046.65	0.00	8 278.48	39.83	307.00	9.00	13.33	79.67	7.33
E-n51-k5-s40-42	—	9 322.54	0.00	8 668.10	43.30	288.40	7.00	19.00	74.00	5.00
E-n51-k5-s41-42	—	9 013.53	0.00	8 365.49	13.13	199.63	11.00	11.50	96.75	7.25
E-n51-k5-s41-44	—	10 800.00	2.49	8 122.80	12.90	212.20	5.30	17.70	92.70	5.90

从实验结果观察可知：

（1）商用求解器 Cplex 只能求解 22 个加气站以下的集合，且无法在有限的时间内获得最优解。当数据规模变大之后，Cplex 求解将超出内存，无法求解。本书提出的算法可以在 3 个小时之内求解 51 个加气站的算例，且差值在 3%以内。21 个加气站的算例大部分可以获得最优解，这表明本章提出的求解算法是比较优质的。

（2）随着中转点数量的增加，求解时间也会随之减少，这是因为在最优配送方案中，将会有更少的加气站被安排到中转点上，解空间变小。相反，随着加气站数量的增加，问题变得越难求解。

（3）从 *PS-Time* 这一列可以看出标签算法运行时间占总运行时间的

50%以上，部分算例甚至占用时间达到90%以上，是主要耗时的部分，这说明可以通过改进定价子问题来求解策略，从而进一步提高求解效率。

（4）从 *Node* 这一列可以看出，节点的搜索量大部分都大于10。这是由于两阶段问题比单阶段问题更加复杂。因此，在求解困难算例时，节点搜索数达到110之多。在集合3中由于时间限制，50个加气站的算例并没有搜索完所有节点获得最优解，所以其节点数较少。总体而言，节点数的搜索数量相较于 Santos 等（2015）进行的节点数搜索数量而言有显著的降低，可见本章的分支策略是非常有效的。

（5）从 *WP*、*SP*、*SR*、*CC* 这些列可以看出，随着数据规模的变大，加的切数量也会随之增加，并且这四类切中生成最多的切为子集行切（*SR*），这是由于它搜索的是所有路径，而其他切只针对槽车的路径进行搜索。

表4-8和表4-9记录了这39个算例的整数解的详况，分别包括用到轮船的数量（*No. B*）、槽车的使用数量（*No. T*）、轮船访问的节点数量（*No. v. B*）、槽车访问的节点数量（*No. v. T*）和部分交付的节点数量（*No. S*）。在实验中轮船可访问的节点数因不同数据规模而各不相同，在21个节点算例中可访问的节点数为10个，32个加气站算例可访问15个，50个加气站算例可访问20个。通过实验结果可知，由于水资源和容量的限制，槽车被用的数量多于轮船被用的数量，当中转点越多时，需要的轮船数量会随之增加。由于轮船运输成本低，轮船可访问到的节点基本由轮船来配送。在结果中被拆分配送的节点数量较少，随着数据规模越大，需求被拆分的节点越多。例如，当为50个节点时，由于节点较多、车辆数较少，所以少量节点不得不被拆分交付。

表4-8　集合2的整数解

算例	*No. B*	*No. T*	*No. v. B*	*No. v. T*	*No. S*
E-n22-k4-s6-17	2.00	4.00	10.00	11.13	0.10
E-n22-k4-s8-14	2.00	4.11	9.11	13.33	1.00
E-n22-k4-s9-19	2.00	4.00	9.00	12.00	1.00
E-n22-k4-s10-14	2.00	4.57	10.00	14.14	1.00
E-n22-k4-s11-12	2.00	4.40	10.00	12.80	0.40
E-n22-k4-s12-16	2.00	4.00	10.00	11.00	0.00

（续）

算例	*No. B*	*No. T*	*No. v. B*	*No. v. T*	*No. S*
E－n33－k4－s1－9	2.00	6.00	14.33	17.67	0.00
E－n33－k4－s2－13	4.00	6.00	15.00	17.00	0.00
E－n33－k4－s3－17	3.00	6.00	15.00	18.00	1.00
E－n33－k4－s4－5	3.00	6.00	14.00	20.00	1.50
E－n33－k4－s7－25	4.00	7.00	15.00	17.00	0.00
E－n33－k4－s14－22	4.00	7.00	15.00	17.00	0.00
E－n51－k5－s2－4－17－46	3.00	8.88	19.63	33.63	2.50
E－n51－k5－s2－17	2.60	8.00	17.20	34.30	1.00
E－n51－k5－s4－46	2.90	8.90	17.80	33.50	1.30
E－n51－k5－s6－12	2.50	9.50	18.17	33.00	1.20
E－n51－k5－s6－12－32－37	4.00	8.43	19.57	34.29	3.80
E－n51－k5－s11－19	2.88	9.38	18.25	33.13	1.00
E－n51－k5－s11－19－27－47	3.90	8.50	19.60	32.70	2.00
E－n51－k5－s27－47	2.67	9.33	18.17	34.17	1.80
E－n51－k5－s32－37	2.75	9.00	18.50	35.00	3.00

表4－9　集合3的整数解

算例	*No. B*	*No. T*	*No. v. B*	*No. v. T*	*No. S*
E－n22－k4－s13－14	2.00	4.00	10.00	11.00	0.00
E－n22－k4－s13－16	2.00	4.00	10.00	11.00	0.00
E－n22－k4－s13－17	2.00	4.00	10.00	11.00	0.00
E－n22－k4－s14－19	2.00	4.00	9.00	12.20	0.20
E－n22－k4－s17－19	2.00	4.00	9.00	12.00	0.00
E－n22－k4－s19－21	2.00	4.00	8.63	12.75	0.40
E－n33－k4－s16－22	2.00	5.00	14.60	18.60	2.50
E－n33－k4－s16－24	2.00	5.00	14.40	19.00	1.20
E－n33－k4－s19－26	2.00	6.00	14.00	18.67	1.00
E－n33－k4－s22－26	2.00	5.00	14.33	18.67	1.20
E－n33－k4－s24－28	2.00	5.00	15.00	18.00	1.00
E－n33－k4－s25－28	2.00	5.86	14.29	18.43	0.80
E－n51－k5－s13－19	2.20	8.70	18.00	33.60	1.60
E－n51－k5－s13－42	2.40	8.80	18.40	34.30	2.70

（续）

算例	*No. B*	*No. T*	*No. v. B*	*No. v. T*	*No. S*
E - n51 - k5 - s13 - 44	2.33	9.67	16.83	35.17	1.80
E - n51 - k5 - s40 - 42	2.50	9.40	17.70	34.50	2.50
E - n51 - k5 - s41 - 42	2.50	9.63	18.13	36.50	4.25
E - n51 - k5 - s41 - 44	2.90	9.10	18.40	35.50	2.90

二、有效切的实验结果分析

为了进一步验证不同切在算法求解中的作用，通过对中规模的算例进行计算，比较加入不同切得到的下界（*LB*）和获得最优解所需的求解时间（*A. Time*）。第二列（Without cuts）表示没有加入任何切的结果，后面依此为加入 *k* -路切（*KP*）、容量切（*CC*）和子集行切（*SR*）的情景对应的结果，具体如表 4 - 10 所示。

表 4 - 10　切的有效性分析

算例	|S|	Without cuts		With *KP*		With *CC*		With *SR*	
		LB	*A. Time*（秒）	*LB*	*A. Time*（秒）	*LB*	*A. Time*（秒）	*LB*	*A. Time*（秒）
E - n33 - k4 - s1 - 9	2	5 143.18	796.68	5 152.19	414.79	5 146.92	479.17	5 143.33	750.51
E - n33 - k4 - s2 - 13	4	5 463.06	2 278.52	5 498.49	2 565.29	5 490.85	2 599.19	5 464.88	3 903.89
E - n33 - k4 - s3 - 17	4	5 556.35	3 638.11	5 565.63	2 396.55	5 560.29	2 684.86	5 558.29	4 188.81
E - n33 - k4 - s4 - 5	3	4 785.66	1 624.43	4 813.08	1 400.65	4 803.89	1 450.89	4 789.14	1 476.18
E - n33 - k4 - s7 - 25	5	5 913.62	563.88	6 463.21	436.26	6 461.13	1 368.97	6 437.05	496.81

通过数值结果（表 4 - 10）发现每类切对下界的提升都有一定的效果。首先是 *k* -路切，在所有算例下界的提高中都非常明显；其次是容量切；最后是子集行切，子集行切的效果虽然并不显著，但也有一定的效果。当 $|S|<5$ 时，搜索切所花费的时间是可忽略不计的。当 $|S|=5$ 时，在加切的情况下求解时间缩短了，这是因为加切之后搜索空间变小，使得迭代生成子问题

的次数变少，缩短的时间比搜索切所花费的时间多，所以求解变得更快。

三、禁忌搜索算法分析

在实验中求解子问题时，通过对比使用和不使用禁忌搜索算法来验证禁忌搜索算法的效率，同样针对中规模的算例进行实验（表 4－11）。分别记录使用和不使用禁忌搜索算法，算例的平均运行时间（*A. Time*）、节点数（*Node*）、迭代次数（*Iter*），以及算例在半小时内无法求解的上界与下界的百分比差距（*Gap*）。

表 4－11 禁忌搜索算法有效性分析

算例	|S|	With Tabu				Without Tabu			
		A. Time（秒）	*Node*	*Iter*	*Gap*（%）	*A. Time*（秒）	*Node*	*Iter*	*Gap*（%）
E－n33－k4－s1－9	2	569.87	3.00	91.00	0.00	685.32	3.00	89.50	0.00
E－n33－k4－s4－5	4	2 400.65	44.00	219.00	0.08	3 436.08	47.67	245.67	0.18
E－n33－k4－s2－13	4	1 726.62	117.25	304.13	0.00	2 502.85	119.00	320.67	0.04
E－n33－k4－s3－17	3	2 244.82	107.83	287.17	0.07	3 001.90	105.60	263.80	0.12
E－n33－k4－s7－25	5	312.03	9.00	86.00	0.00	493.29	9.33	89.83	0.00

通过数值结果发现：

（1）有禁忌搜索的求解时间均小于没有禁忌搜索的时间，这说明禁忌搜索在一定程度上对算法的求解效率是有提高的。这是由于在前面的迭代中对偶变量较大，可以应用禁忌搜索算法轻松获得检验数为负的列，这比标签算法更加快速。只有当禁忌搜索算法无法获得检验数为负的列时，才会应用标签算法进一步求解。

（2）通过节点数、迭代次数以及差值看出，禁忌搜索算法使用与否，搜索的节点数和列生成的迭代次数都比较相似。

四、灵敏度分析

（一）车辆容量对算法性能的影响分析

考虑到参数的取值在很大程度上影响算法的性能，由于槽车是可拆分配送的，且求解槽车的定价子问题是最耗时的，所以通过控制变量法测试槽车容量对算法性能的影响。本实验测试了算例集 E－n33－k4－s7－25 在容量为｛2 500，3 000，3 500，4 000｝时，算法的求解时间和目标值。不同槽车容量的运行时间和总成本如图 4－3 所示。

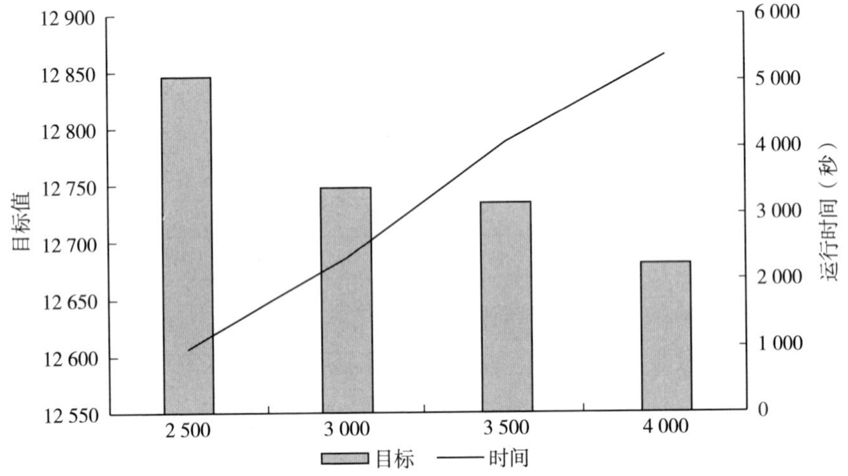

图 4－3　不同槽车容量的运行时间和总成本

通过求解得到算例在每个容量下的求解时间和目标值，图 4－3 显示容量越大，求解时间越长。这是因为随着槽车容量的增加，定价子问题迭代次数随之增加，而越到后面的迭代，标签数急剧增大，将会导致求解难度变大。随着车辆容量的增大，总成本会随之降低，这是由于容量增大之后，槽车运输的单位成本会降低，从而导致运输成本减少。

（二）气化率对总成本的影响分析

本书考虑了 LNG 在运输过程中的气化成本，由于气化成本与气化率是正相关关系，所以该参数对气化成本的计算有直接的影响。为了分析气化对最优方案的影响，选择 E－n33－k4－s7－25 作为研究对象，以不同的气化率｛0%，0.1%，0.2%，0.3%，0.4%，0.5%｝进行求解。分别记录了目标函数值（*Obj*）、船的使用数量（*No. B*）、槽车的使用数量（*No. T*）、船访问的节点数量（*No. v. B*）以及槽车访问节点数量（*No. v. T*）。不同气化率的总成本如表 4－12 所示。

表 4－12 不同气化率的总成本

气化率（%）	Obj	$No.B$	$No.T$	$N.v.B$	$N.v.T$
0	12 227.20	3	7	15	17
0.1	21 619.66	4	9	10	27
0.2	33 194.55	3	9	6	26
0.3	37 422.65	4	9	7	25
0.4	41 740.44	4	9	7	25
0.5	49 787.50	4	10	5	27

在不同气化速率下得到的结果见表 4－12。从表 4－12 可以直观地看出，气化速率越高，总成本越高。实际上，气化成本取决于装载量和运输距离。这也解释了为什么在气化速率增加的同时，会尽量控制第一阶段的输送量。此外，驳船配送的优势随着气化率的增加而减弱，因为它容量更大，产生比槽车更长的可行路径，所以最优方案中更频繁地使用槽车来配送以减少总成本。

第四节 两阶段集成规划的优势

本章所提出的关键决策特点就是将海上运输和陆上运输进行集成规划。若首先优化第一阶段的运输调配，再基于第一阶段中每个中转点的配送量，对第二阶段的运输调配进行优化，则原问题就转为一个 VRP 和一个 MD-VRP。第一阶段总配送量要在满足总需求的情况下再去求解最小成本的路径组合，将确定的第一阶段路径和配送量代入模型（LNG－MIP），继续通过分支定价切割算法求得第二阶段的方案，将之称为分离优化（ST）。

为了验证海上和内陆运输联合优化的效果，选取 33 个加气站的算例进行实验。表 4－13 记录了两阶段集成优化和分离优化的实验结果，分别报告了算例的分离成本（$ObjST$）和集成成本（$ObjUT$），以及它们之间的百分比差距$\left(Gap=\dfrac{ObjST-ObjUT}{ObjUT}\times 100\%\right)$；分离优化的求解时间（$ST$）和集成优化的求解时间（$UT$），以及它们的搜索的节点数（$Node$）。

表 4-13 集成优化与分离优化的对比分析

算例	|S|	*ObjST*	*ObjUT*	*Gap* (%)	*ST* (秒)	*Node*	*UT* (秒)	*Node*
E-n33-k4-s1-9	2	5 821.99	5 820.87	0.02	244.93	1.00	569.87	3.00
E-n33-k4-s2-13	4	11 467.11	9 814.13	14.42	846.37	21.80	1 726.62	77.30
E-n33-k4-s3-17	4	10 863.94	9 728.57	10.45	990.63	13.30	2 244.82	87.80
E-n33-k4-s4-5	3	7 360.59	7 353.49	0.10	1 778.30	27.30	2 400.65	44.00
E-n33-k4-s7-25	5	14 856.70	12 502.63	15.85	200.24	4.20	312.03	5.00

本实验分别对每个算例进行计算，通过对实验结果的观察可知：

（1）从第 5 列的 *Gap* 可以看出，集成成本均小于分离成本。在中转点较少时，它们之间的差距较小，但随着中转点越多，成本之间的差距就越大。

（2）在求解时间上，集成优化更耗时，需要搜索的节点数更多。这是因为集成优化需要对第一阶段的变量进行分支，所以列生成算法的求解次数增多。

（3）在中转点大于 3 的情况下，成本差值甚至大于 10%，这也显示了集成优化可有效降低成本，使得企业可以从运输中获利。

第五节 本章小结

本章研究了海外进口 LNG 的两阶段车辆路径问题，将海上运输与内陆运输进行联合优化，在有效利用接收站和车船等基础设施的情况下实现运输成本最小化。在该问题中，第一阶段采用大型 LNG 运输船的储罐从气源点运到沿海 LNG 接收站；第二阶段通过轮船和槽车运输到加气站，其中槽车被考虑为分批配送，而轮船只能访问部分气源点，在整个运输过程中需要考虑阶段性气化的影响。为此，本书构建了 LNG 两阶段路径优化数学规划模型，并设计了分支定价切割算法进行求解。该算法是在分支定界的框架下结合列生成迭代求解，将问题分解为主问题和子问题，并使用了禁忌搜索算法求解检验数为负的列，将其加入主问题。当禁忌搜索算法无法找到这样的列时，就应用标签算法精确地求解子问题，获得检验数为负的列，并将其加入主问题。应用 k-路切、子集行切和容量切可以提高算法的效率。在分支定界树上使用强分支策略选择下一个分支的变量，可以有效地减少分支节点的搜索过程。

通过数值实验得到以下结论：①本章提出的分支定价切割算法具有良好的求解效率，可在 3 个小时以内求解 50 个加气站的算例，最优值的 Gap 在 3%以内；②禁忌搜索算法和有效不等式等加速策略对算法的求解均有一定的提升作用，并且在所加的切中，k-路切的性能是最优的，其次是容量切，再就是子集行切；③两个阶段联合优化相较于分开优化可以有效降低成本，随着中转站越多，联合优化降低的成本更大，降低的成本占总成本的概率达到 10%以上。

第五章 LNG内陆多源采购周期性路径优化问题模型与算法

随着我国天然气市场化改革的实施，LNG 接收站和液化厂开始对第三方开放。天然气销售公司可以在天然气交易平台通过竞价的方式采购上游的LNG，平台会显示卖方的挂牌价，采购方根据以往经验或者数据确定采购价格的范围。每个液化厂出厂价格和进口 LNG 到岸价格存在差异，通常液化厂出厂价格会低于沿海接收站的价格，并且不同时间段价格存在波动。此外，我国天然气液化厂主要分布在内蒙古、四川、山西、陕西等地，进口LNG 大都集中于沿海城市。由于各液化厂和接收站的价格和位置不同，天然气销售公司应如何决策多源采购方案，通过分销网络将产品从这些采购点分发到各个加气站，以满足在计划周期内的用气需求？

从需求角度来看，加气站会将自己的需求通过每周或每日的需求量上报给销售公司。在每个时间段内，最多只能有一辆轮船或槽车访问每个站点。加气站的储气罐是一定量的，运输量既不可超出储气罐的容量也不能超出运输工具的容量。天然气销售公司通过规划每个阶段的运输路径，保证加气站的储气罐不可低于最小容量，且满足各个时间段的用气需求。配送采用LNG“槽车+船”运输方式。槽车装载量小但更灵活，可以配送到任何节点。轮船受水资源限制，只可访问部分节点，但轮船运输成本较低且装载量大。这些运输车（船）通常首先在液化厂或接收站装载 LNG，然后将气从供应站点运输到加气站，最后重新返回液化厂或接收站。

在 LNG 运输过程中会发生气化，气化的量与剩余容量及运输时间相关，如第三章第一节所述，其中 β 是气化率。

第一节 问题描述与模型构建

一、问题描述

下面正式介绍 LNG 多源采购周期性的运输路径问题，如图 5-1 所示，该问题被建模为一个混合整数线性规划模型。在这个问题中，每个站点用 i 表示，气源点（液化厂或接收站）的集合为 S，加气站的集合为 C，令 $N=S\cup C$ 为网络图中所有节点的集合。在计划范围内的一组时间周期集合表示为 T，其中下标索引为 t，$A=\{(i, j): i, j\in N, i\neq j\}$ 是弧的集合。可用的槽车集合为K_1，下标为k_1，容量为Q_1；可用的轮船集合为K_2，下标为k_2，容量为Q_2；所有可用的运输工具集合为 $K=K_1\cup K_2$，下标为 k。对于每个加气站 j（$j\in C$），在每个时间周期都有给定的需求为d_{jt}，而且它们都有储气罐用于储气，但在储气罐中必须保持一定量的气以免重新冷却，那么其库存量必须在 $[\underline{R}_j, \overline{R}_j]$ 范围内。在该问题中没有固定的交付频率，企业可以根据实际情况选择合适的配送频率，只要满足每个时间周期的需求及储罐的容量限制即可。

问题的目标是最小化采购成本、运输成本、装卸操作成本和气化成本之和。LNG 在采购中存在不确定性，且每个气源点的挂牌价不尽相同。采购成本是所有气源点购买费用之和，令$\widetilde{p}_i$表示每个气源点 i 的 LNG 的单位价格。装卸操作成本为 μ，运输成本包括槽车和轮船的运输成本。当访问弧 $(i, j)\in A$ 时，对应的成本为c_{ij}（燃料成本+装卸成本）。此外，T_{ij}^{kt}表示车辆 k 在时间周期 t 时，弧（i，j）的行驶时间（距离/速度）。下面介绍在数学模型中的决策变量：

y_j^{kt}：0、1 变量，当车辆 k 在时间周期 t 访问节点 j 时为 1，否则为 0。

x_{ij}^{kt}：0、1 变量，当车辆 k 在时间周期 t 访问节点弧（i，j）时为 1，否则为 0。

Γ_j：在液化厂及接收站点（$j\in S$）采购 LNG 的量。

Q_j^{kt}：时间周期 t 车辆 k 在节点 j 的剩余容量。

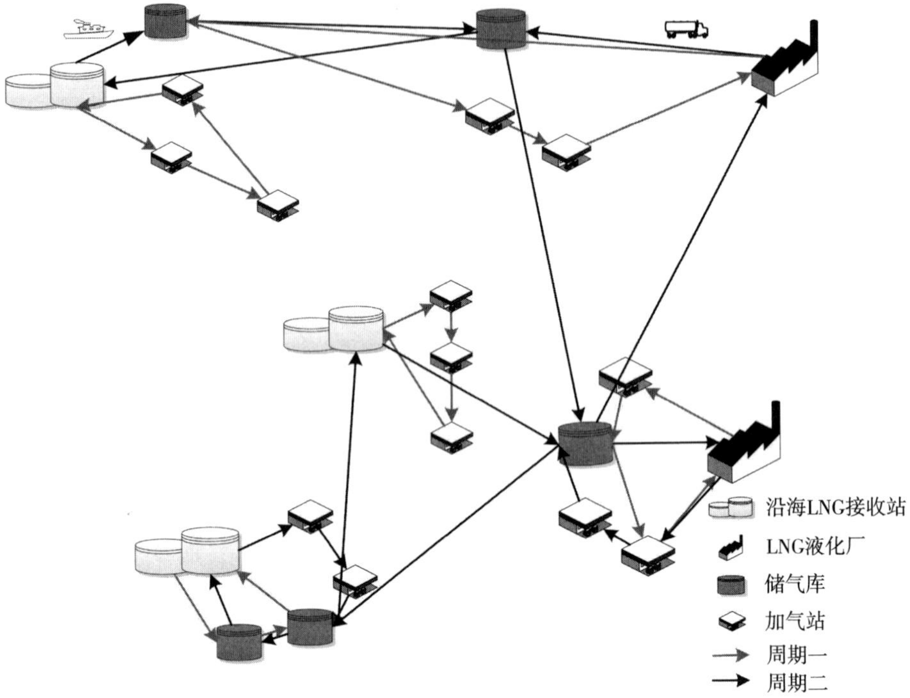

图 5-1　LNG 多源采购周期性配送的示意图

q_j^{kt}：时间周期 t 车辆 k 在节点 j 的卸载量。

F_j^{kt}：时间周期 t 车辆 k 在点 j 上的气化量。

R_{jt}：每个时间周期加气站 j 的库存量。

二、模型构建

天然气销售公司在天然气交易平台竞价采购天然气，在采购前可以根据历史数据和卖方提供的挂牌价确定价格的区间，因此使用三角模糊数来表示价格较为合理。通过对模糊价格的考虑来优化采购和运输成本，从而有效降低成本，合理配置资源。不确定变量$\tilde{p}=(p^L, p^E, p^U)$且$p^L<p^E<p^U$，其中$p^L$为最低价格，$p^U$为最高价格，$p^E$为隶属度为 1 的价格。$\tilde{p}$的隶属函数如下：

$$\mu_{\tilde{p}}(x)=\begin{cases}(x-p^L)/(p^E-p^L) & p^L\leqslant x<p^E\\ 1 & x=p^E\\ (p^U-x)/(p^U-p^E) & p^E<x\leqslant p^U\\ 0 & \text{其他}\end{cases} \tag{5-1}$$

将问题规划为混合整数线性规划模型，该模型表示如下：

$$\min\sum_{t\in T}\sum_{k\in K}\sum_{(i,j)\in A}c_{ij}\,x_{ij}^{kt}+\sum_{j\in S}\tilde{p}_j\,\Gamma_j+\sum_{t\in T}\sum_{k\in K}\sum_{j\in N}\tau\,F_j^{kt} \tag{5-2a}$$

s. t.

$$R_j^o+\sum_{k\in K}q_j^{kt}=d_{jt}+R_{jt}\quad \forall j\in C,t=0 \tag{5-2b$_1$}$$

$$R_{jt-1}+\sum_{k\in K}q_j^{kt}=d_{jt}+R_{jt}\quad \forall j\in C,t\in T\setminus\{0\} \tag{5-2b$_2$}$$

$$\sum_{t\in T}\sum_{k\in K}Q_j^{kt}\leqslant\Gamma_j\quad \forall j\in S \tag{5-2c}$$

$$q_j^{kt}\leqslant M_{jk}\,y_j^{kt}\quad \forall j\in C,t\in T,k\in K \tag{5-2d}$$

$$Q_j^{kt}\leqslant Q_k\,y_j^{kt}\quad \forall j\in N,t\in T,k\in K \tag{5-2e}$$

$$\sum_{k\in K}y_j^{kt}\leqslant 1\quad \forall j\in C,t\in T \tag{5-2f}$$

$$\underline{R}_j\leqslant R_{jt}\leqslant\overline{R}_j\quad \forall j\in C,t\in T \tag{5-2g}$$

$$\Gamma_j\leqslant\overline{R}_j\quad \forall j\in S \tag{5-2h}$$

$$\sum_{i\in N,j\neq i}x_{ij}^{kt}=\sum_{i\in N,j\neq i}x_{ji}^{kt}=y_j^{kt}\quad \forall j\in C,t\in T,k\in K \tag{5-2i}$$

$$Q_j^{kt}+q_j^{kt}\leqslant Q_i^{kt}(1-\beta T_{ij}^{kt})+Q_k(1-x_{ij}^{kt})\quad \forall j\in C,i\in N,t\in T,k\in K \tag{5-2j}$$

$$F_j^{kt}\geqslant Q_i^{kt}\beta\,T_{ij}^{kt}+Q_k(x_{ij}^{kt}-1)\quad \forall (i,j)\in A,t\in T,k\in K \tag{5-2k}$$

$$Q_j^{kt}\geqslant 0,F_j^{kt}\geqslant 0,q_j^{kt}\geqslant 0\quad \forall j\in N,t\in T,k\in K \tag{5-2l}$$

$$R_{jt}\geqslant 0\quad \forall j\in C,t\in T,k\in K \tag{5-2m}$$

$$\Gamma_j\geqslant 0\quad \forall j\in S \tag{5-2n}$$

$$x_{ij}^{kt},y_j^{kt}\in\{0,1\}\quad \forall i\in N,j\in N,t\in T,k\in K \tag{5-2o}$$

式（5－2a）是目标函数，最小化总路径成本、采购成本以及运输中气化成本的总和。约束（$5-2b_1$）和（$5-2b_2$）共同确定每个时间周期加气站的库存量。约束（5－2c）表示在整个时间周期所有从配送终端装载的气之和不得超出在该点采购的气。约束（5－2d）限制每辆车在任意时间段内在加气站的卸载量既不得超出加气站储气库容量和也不得超出车辆容量，其中$M_{jk}=\min\{Q_k,\overline{R}_j\}$。(5－2e）限制每辆车在气源点的装载量不得超出车辆容量。(5－2f）确定加气站每个时间周期最多被访问一次。(5－2g）和（5－2h）均表示限制各站点的库存容量。(5－2i）表示每个点在一条路径中只有一个出弧和一个入弧。约束（5－2j）确定卸载量。（5－2k）确定车辆在行驶中的气化量。约束（5－2l）、(5－2m）和（5－2n）均表示连续决策变量为非负。约束（5－2o）要求变量为布尔变量。

在上述模型中存在模糊参数$\tilde{p}$。模糊参数的机会约束规划所遵循的原则是：所作决策使约束条件成立的概率不能低于给定的置信水平，并可将模糊机会约束转换为确定性的形式。

设三角模糊数$\tilde{p}=(p^L,\ p^E,\ p^U)$，其中$p^L<p^E<p^U$，对于任意置信水平$\alpha(0<\alpha<1)$，$Pos\{\tilde{V}\leqslant 0\}\geqslant\alpha$成立。因此，目标转换为以下确定性模型［包含（5－3)、(5－4)、(5－2b）至（5－2o)］：

$$\min \quad \overline{F}+\sum_{t\in T}\sum_{k\in K}\sum_{(i,j)\in A}c_{ij}\,x_{ij}^{kt}+\sum_{t\in T}\sum_{k\in K}\sum_{j\in N}\tau\,F_j^{kt} \tag{5-3}$$

$$\text{s.t.} \quad \overline{F}\geqslant\sum_{i\in I}\Gamma_i((1-\alpha)\,\tilde{p}_i^L+\alpha\,\tilde{p}_i^E) \tag{5-4}$$

第二节 Benders 重规划

根据第三章中的 Benders 分解算法理论基础，将模型（3.8）分解为两个更简单的问题，分别为主问题（*MP*）和子问题（*SP*）。主问题是原问题的松弛版本，指带有整数变量集和其相关约束；而子问题是原问题其余变量及其相关约束。整数变量的值由 *MP* 确定。该算法通过迭代求解这两个问题，在每次迭代中，主问题的整数解被带入子问题，通过求解 *SP* 的对偶问题产生 Benders 切，将生成的切带入 *MP* 继续求解，这样持续迭代直到主问题的最优值等于子问题的目标函数值为止时。当算法终止时，会返回一个原混合整数线性规划问题的最优解。

一、Benders 子问题

如果节点的访问及车辆路径访问顺序的决策变量被固定，那么该问题就被简化为一个简单问题，该问题为决策在每个时间段内车辆配送给每个加气站多少量。因此，本书定义变量 $\overline{x}$ 和 $\overline{y}$ 均为固定的量，那么 Benders 子问题被表示为：

$$\min \quad \overline{F} + \sum_{t\in T}\sum_{k\in K}\sum_{j\in N}\tau F_j^{kt} \tag{5-5a}$$

s. t.

$$R_j^o + \sum_{k\in K} q_j^{kt} = d_{jt} + R_{jt} \quad \forall j \in C, t = 0 \tag{5-5b}$$

$$R_{jt-1} + \sum_{k\in K} q_j^{kt} = d_{jt} + R_{jt} \quad \forall j \in C, t \in T\setminus\{0\} \tag{5-5c}$$

$$\sum_{t\in T}\sum_{k\in K} Q_j^{kt} \leqslant \Gamma_j \quad \forall j \in S \tag{5-5d}$$

$$q_j^{kt} \leqslant M_{jk}\, y_j^{kt} \quad \forall j \in C, t \in T, k \in K \tag{5-5e}$$

$$Q_j^{kt} \leqslant Q_k\, y_j^{kt} \quad \forall j \in N, t \in T, k \in K \tag{5-5f}$$

$$R_{jt} \geqslant \underline{R}_j \quad \forall j \in C, t \in T \tag{5-5g}$$

$$R_{jt} \leqslant \overline{R}_j \quad \forall j \in C, t \in T \tag{5-5h}$$

$$\Gamma_j \leqslant \overline{R}_j \quad \forall j \in S \tag{5-5i}$$

$$Q_j^{kt} + q_j^{kt} \leqslant Q_i^{kt}(1-\beta T_{ij}^{kt}) + Q_k(1-x_{ij}^{kt}) \quad \forall j \in C, i \in N, t \in T, k \in K \tag{5-5j}$$

$$F_j^{kt} \geqslant Q_i^{kt}\beta T_{ij}^{kt} + Q_k(x_{ij}^{kt}-1) \quad \forall (i,j) \in A, t \in T, k \in K \tag{5-5k}$$

$$\overline{F} \geqslant \sum_{j\in S}\Gamma_i((1-\alpha)\widetilde{p}_i^L + \alpha\,\widetilde{p}_i^E) \tag{5-5l}$$

$$\Gamma_j \geqslant 0, R_{jt} \geqslant 0, Q_j^{kt} \geqslant 0, F_j^{kt} \geqslant 0, q_j^{kt} \geqslant 0 \quad \forall j \in N, t \in T, k \in K \tag{5-5m}$$

然而，值得注意的是，Benders 子问题可能是不可行的，因为当气源点以及车辆路径固定时，气源点交付给加气站的 LNG 量可能无法满足加气站的需求。因此，Benders 子问题会生成两类 Benders 切，分别为 Benders 可行切和 Benders 最优切。下面本书将介绍如何生成这两类切。

二、对偶子问题

令$\alpha^+=(\alpha_{jt}^+ \ free \mid \forall j\in C,\ t=0)$，$\alpha^-=(\alpha_{jt}^- \ free \mid \forall j\in C,\ t\in T\setminus\{0\})$，$\beta=(\beta_j\geqslant 0 \mid \forall j\in S)$，$\gamma=(\gamma_j^{kt}\geqslant 0 \mid \forall j\in C,\ t\in T,\ k\in K)$，$\delta=(\delta_j^{kt}\geqslant 0 \mid \forall j\in N,\ t\in T,\ k\in K)$，$\varepsilon^+=(\varepsilon_{jt}^+\geqslant 0 \mid \forall j\in C,\ t\in T)$，$\varepsilon^-=(\varepsilon_{jt}^-\geqslant 0 \mid \forall j\in C,\ t\in T)$，$\zeta=(\zeta_j\geqslant 0 \mid \forall j\in S)$，$\eta=(\eta_{ij}^{kt}\geqslant 0 \mid \forall i\in N,\ j\in C,\ t\in T,\ k\in K)$，$\mu=(\mu_{ij}^{kt}\geqslant 0 \mid \forall\ (i,\ j)\in A,\ t\in T,\ k\in K)$以及$\xi\geqslant 0$分别为约束（5-5b）至（5-5l）的对偶变量。根据上述对偶变量，Benders 对偶线性子问题如下：

$$\max \quad \Psi(\alpha^+,\alpha^-,\beta,\gamma,\delta,\varepsilon^+,\varepsilon^-,\zeta,\eta,\mu,\xi)=\sum_{j\in C}\sum_{t=0}(d_{jt}-R_j^o)\,\alpha_{jt}^+ + \sum_{j\in C}\sum_{t\in T,t\neq 0} d_{jt}\,\alpha_{jt}^- - \sum_{j\in C}\sum_{t\in T}\sum_{k\in K} M_{jk}\,\bar{y}_j^{kt}\,\gamma_j^{kt} - \sum_{j\in N}\sum_{t\in T}\sum_{k\in K} Q_k\,\bar{y}_j^{kt}\,\delta_j^{kt} + \sum_{j\in C}\sum_{t\in T}\bar{R}_j\,\varepsilon_{jt}^+ - \sum_{j\in C}\sum_{t\in T}\bar{R}_j\,\varepsilon_{jt}^- - \sum_{j\in S}\bar{R}_j\,\zeta_j - \sum_{(i\in N,j\in C)}\sum_{t\in T}\sum_{k\in K} Q_k(1-x_{ij}^{kt})\,\eta_{ij}^{kt} + \sum_{(i,j)\in A}\sum_{t\in T}\sum_{k\in K} Q_k(x_{ij}^{kt}-1)\,\mu_{ij}^{kt} \tag{5-6a}$$

s. t.

$$\xi\leqslant 1 \tag{5-6b}$$

$$-\delta_j^{kt}-\sum_{i\in N}\eta_{ij}^{kt}+\sum_{l\in N}(1-\beta\bar{T}_{jl}^{kt})\,\eta_{jl}^{kt}-\sum_{l\in N}\beta\,\bar{T}_{jl}^{kt}\,\mu_{jl}^{kt}\leqslant 0 \quad \forall j\in C,t\in T,k\in K \tag{5-6c}$$

$$-\beta_j-\delta_j^{kt}+\sum_{l\in N}(1-\beta\bar{T}_{jl}^{kt})\,\eta_{jl}^{kt}-\sum_{l\in N}\beta\,\bar{T}_{jl}^{kt}\,\mu_{jl}^{kt}\leqslant 0 \quad \forall j\in S,t\in T,k\in K \tag{5-6d}$$

$$\sum_{i\in N}\mu_{ij}^{kt}\leqslant\tau \quad \forall j\in N,t\in T,k\in K \tag{5-6e}$$

$$\alpha_{jt}^+-\alpha_{jt}^-+\varepsilon_{jt}^+-\varepsilon_{jt}^-\leqslant 0 \quad \forall j\in C,t=0,k\in K \tag{5-6f}$$

$$\alpha_{jt+1}^--\alpha_{jt}^-+\varepsilon_{jt}^+-\varepsilon_{jt}^-\leqslant 0 \quad \forall j\in C;t=1,\cdots,T-1;k\in K \tag{5-6g}$$

$$-\alpha_{jt}^{-}+\varepsilon_{jt}^{+}-\varepsilon_{jt}^{-}\leqslant 0 \quad \forall j\in C,t=T,k\in K \qquad (5-6h)$$

$$\alpha_{jt}^{+}-\gamma_j^{kt}-\sum_{i\in N}\eta_{ij}^{kt}<0 \quad \forall j\in C,t=0,k\in K \qquad (5-6i)$$

$$\alpha_{jt}^{-}-\gamma_j^{kt}-\sum_{i\in N}\eta_{ij}^{kt}<0 \quad \forall j\in C,t\in T\setminus\{0\},k\in K \qquad (5-6j)$$

$$\beta_j-\zeta_j-[(1-\alpha)\widetilde{V}_j+\alpha\widetilde{V}_j]\xi\leqslant 0 \quad \forall j\in S \qquad (5-6k)$$

根据限制主问题的解（$\bar{x}$，$\bar{y}$）可知，若对偶子问题有界时，则存在该对偶子问题的极点；若对偶子问题无界时，则存在该对偶子问题的极方向。令$DP^l=(\bar{\alpha}^{+l}$，$\bar{\alpha}^{-l}$，$\bar{\beta}^l$，$\bar{\gamma}^l$，$\bar{\delta}^l$，$\bar{\varepsilon}^{+l}$，$\bar{\varepsilon}^{-l}$，$\bar{\zeta}^l$，$\bar{\eta}^l$，$\bar{\mu}^l$，$\bar{\xi})$ 为第 l 次迭代过程中对偶子问题的极点或极方向。那么，可以得到如下两类 Benders 切：

$$\begin{aligned}\theta\geqslant&\sum_{j\in C}\sum_{t=0}(d_{jt}-R_j^o)\bar{\alpha}_{jt}^{+l}+\sum_{j\in C}\sum_{t\in T,t\neq 0}d_{jt}\bar{\alpha}_{jt}^{-l}-\sum_{j\in C}\sum_{t\in T}\sum_{k\in K}M_{jk}y_j^{kt}\bar{\gamma}_j^{kt\,l}\\&-\sum_{j\in N}\sum_{t\in T}\sum_{k\in K}Q_k y_j^{kt}\bar{\delta}_j^{kt\,l}+\sum_{j\in C}\sum_{t\in T}\underline{R}_j\bar{\varepsilon}_{jt}^{+l}-\sum_{j\in C}\sum_{t\in T}\overline{R}_j\bar{\varepsilon}_{jt}^{-l}\\&-\sum_{j\in S}\overline{R}_j\bar{\zeta}_j^l-\sum_{(i\in N,j\in C)}\sum_{t\in T}\sum_{k\in K}Q_k(1-x_{ij}^{kt})\bar{\eta}_{ij}^{kt\,l}\\&+\sum_{(i,j)\in A}\sum_{t\in T}\sum_{k\in K}Q_k(x_{ij}^{kt}-1)\bar{\mu}_{ij}^{kt\,l}\end{aligned} \qquad (5-7)$$

$$\begin{aligned}0\geqslant&\sum_{j\in C}\sum_{t=0}(d_{jt}-R_j^o)\bar{\alpha}_{jt}^{+l}+\sum_{j\in C}\sum_{t\in T,t\neq 0}d_{jt}\bar{\alpha}_{jt}^{-l}-\sum_{j\in C}\sum_{t\in T}\sum_{k\in K}M_{jk}y_j^{kt}\bar{\gamma}_j^{kt\,l}\\&-\sum_{j\in N}\sum_{t\in T}\sum_{k\in K}Q_k y_j^{kt}\bar{\delta}_j^{kt\,l}+\sum_{j\in C}\sum_{t\in T}\underline{R}_j\bar{\varepsilon}_{jt}^{+l}-\sum_{j\in C}\sum_{t\in T}\overline{R}_j\bar{\varepsilon}_{jt}^{-l}-\sum_{j\in S}\overline{R}_j\bar{\zeta}_j^l\\&-\sum_{(i\in N,j\in C)}\sum_{t\in T}\sum_{k\in K}Q_k(1-x_{ij}^{kt})\bar{\eta}_{ij}^{kt\,l}+\sum_{(i,j)\in A}\sum_{t\in T}\sum_{k\in K}Q_k(x_{ij}^{kt}-1)\bar{\mu}_{ij}^{kt\,l}\end{aligned} \qquad (5-8)$$

三、Bender 主问题

令 EP 表示对偶子问题的极点集合，ER 表示对偶子问题的极方向集合。根据公式（5－7）和（5－8），可以得到如下的 Benders 主问题：

$$\min \sum_{t\in T}\sum_{k\in K}\sum_{(i,j)\in A}c_{ij}x_{ij}^{kt}+\theta \qquad (5-9)$$

s. t. （5－2f）、（5－2i）以及以下公式：

$$\begin{aligned}\theta\geqslant&\sum_{j\in C}\sum_{t=0}(d_{jt}-R_j^o)\alpha_{jt}^{+}+\sum_{j\in C}\sum_{t\in T,t\neq 0}d_{jt}\alpha_{jt}^{-}-\sum_{j\in C}\sum_{t\in T}\sum_{k\in K}M_{jk}\bar{y}_j^{kt}\gamma_j^{kt}\\&-\sum_{j\in S}\overline{R}_j\zeta_j-\sum_{j\in N}\sum_{t\in T}\sum_{k\in K}Q_k\bar{y}_j^{kt}\delta_j^{kt}+\sum_{j\in C}\sum_{t\in T}\underline{R}_j\varepsilon_{jt}^{+}-\sum_{j\in C}\sum_{t\in T}\overline{R}_j\varepsilon_{jt}^{-}\end{aligned}$$

$$+\sum_{(i,j)\in A}\sum_{t\in T}\sum_{k\in K}Q_k(x_{ij}^{kt}-1)\mu_{ij}^{kt}-\sum_{(i\in N,j\in C)}\sum_{t\in T}\sum_{k\in K}Q_k(1-x_{ij}^{kt})\eta_{ij}^{kt}$$

$$\forall DP\in EP \quad (5-10)$$

$$0\geqslant\sum_{j\in C}\sum_{t=0}(d_{jt}-R_j^o)\alpha_{jt}^{+}+\sum_{j\in C}\sum_{t\in T,t\neq 0}d_{jt}\alpha_{jt}^{-}-\sum_{j\in C}\sum_{t\in T}\sum_{k\in K}M_{jk}\overline{y}_j^{kt}\gamma_j^{kt}$$
$$-\sum_{j\in S}\overline{R}_j\zeta_j-\sum_{j\in N}\sum_{t\in T}\sum_{k\in K}Q_k\overline{y}_j^{kt}\delta_j^{kt}+\sum_{j\in C}\sum_{t\in T}\overline{R}_j\varepsilon_{jt}^{+}$$
$$-\sum_{j\in C}\sum_{t\in T}\overline{R}_j\varepsilon_{jt}^{-}+\sum_{(i,j)\in A}\sum_{t\in T}\sum_{k\in K}Q_k(x_{ij}^{kt}-1)\mu_{ij}^{kt}$$
$$-\sum_{(i\in N,j\in C)}\sum_{t\in T}\sum_{k\in K}Q_k(1-x_{ij}^{kt})\eta_{ij}^{kt}\quad\forall DP\in ER \quad (5-11)$$

其中，θ 为辅助变量，表示天然气采购成本与气化成本之和。

第三节　混合 Benders 分解算法

事实上，LNG 多源采购周期性车辆路径问题可直接通过先进的商用求解软件（如 Cplex）直接进行求解，但正如本章第四节的数值实验呈现的结果所示，随着周期、供应节点和需求节点的增加，变量和约束规模急剧增大，无法应用 Cplex 进行求解，并且如前所述该问题是一个 NP-难问题。因此，结合问题的特征，本节开发了一个混合 Benders 分解算法进行求解。该算法首先通过遗传算法获得优质初始解；然后在分支定界的框架下通过 Benders 分解算法求解松弛主问题；最后在其中嵌入 Benders 切生成过程和改进策略（切管理与 In-out benders 切）来迭代求解，直到达到算法终止条件为止。

一、遗传算法

混合遗传搜索与自适应多样性控制元启发式算法是基于 Holland（1975）提出的遗传算法范式，但其包含许多策略，在方案评估、子代改良、种群管理等方面具有较高的性能。本节提出的遗传算法流程，如表 5-1 所示。该方法通过改进策略进化个体种群，利用两个父代个体通过组合（交叉操作）产生子代，进而使用局部搜索过程（修复、教育）改进。

表 5-1 遗传算法流程

算法 5.1 混合遗传算法伪代码
初始化种群 Φ
若迭代次数 $< It_{NI}$
根据目标函数值计算适应值，通过适应值大小选择出精英种群 Elit
选择父代 Φ_1 和 Φ_2，父代 Φ_1 从 Elit 中随机选取，Φ_2 从 Φ 中随机选取
通过概率 P_c 对父代 Φ_1 和 Φ_2 进行交叉操作得到子代 Φ_c
通过概率 P_m 进行教育优化子代 Φ_c
若 Φ_c 可行，则将解插入种群 Φ
若 Φ_c 不可行，则插入种群 Φ 并通过概率 P_{rep} 将其修复为可行
得到新种群 Φ，更新最优值
返回最优可行解

（一）染色体编码

该问题的解由四个部分编码构成：模式编码、气源点编码、路径编码、配送量编码。模式编码为每个点 j 的配送周期；气源点编码为一个加气站，只由一个气源点负责配送；路径编码为每个气源点每个周期的运输路径。所有路径连在一起，没有路径分隔符，有利于之后交叉操作的执行，在最后求解个体的适应值时需要将路径分割开，Prins（2004）引入了一种高效的算法来优化提取路线。该算法名为 Split，将寻找路由分隔符的问题简化为辅助无环图上的最短路径问题。配送量编码为气源点给每个加气站配送的量。图 5-2 给出了两个周期两个气源点的例子，如图 5-2 所示。在周期 1 中，从气源点 0 出发的路径有两条，分别是 0-2-3-0 和 0-4-6-0。那么，在路径编码中可以看到周期 1 气源点为 0 的上方有 4，6，3，2，表示这些点被气源点 0 配送，下方为每个点 j 的配送量。

（二）父代选择与交叉

混合遗传算法获得子代的方案是指选择两个父代 Φ_1 和 Φ_2，通过交叉组合得到单个个体 Φ_c 的方案。父代选择通过适应值函数进行二元竞赛，选择精英种群（Elit）延续到下一代。在完整种群和精英种群中分别随机（正态分布）选择一个个体作为父代。因此，可行和不可行的个体可能会被选择进行交叉，

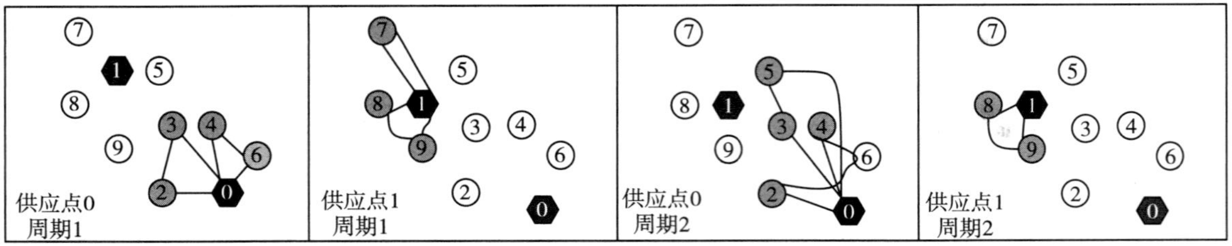

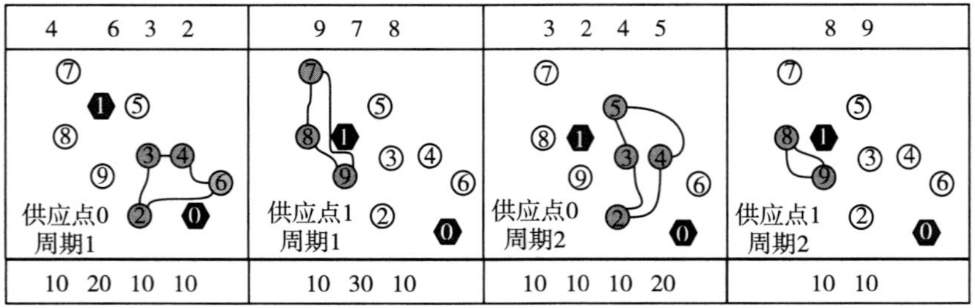

模式编码（*pc*）

需求点i	2	3	4	5	6	7	8	9
模式	{1,2}	{1,2}	{1,2}	{2}	{1}	{1}	{1,2}	{1,2}

供应点编码（*sc*）

需求点i	2	3	4	5	6	7	8	9
供应点	0	0	0	0	0	1	1	1

图5-2　LNG多源采购周期性配送的染色体编码示意图

以便将搜索引导到接近可行边界的地方，期望在那里找到高质量的解决方案。

针对该问题，本书提出了一种新的具有插入的交叉（PIX），旨在传输良好的访问序列，同时实现模式、气源点、路径和配送量重组。它是一个多用途的交叉，这将允许搜索空间的广泛探索和对好的解决方案进行小的改进。后代从父代中以几乎相等的比例继承基因可有效扩展搜索空间获得更多样化的个体，而复制一个父代的大部分和另一个父代的一小部分可以获得更好的解。为了确保 PIX 同时具有这两种功能，设计了以下交叉算子，下面是一个两周期和两气源点的例子。

第一步和第二步是指从父代继承基因片段并组合为一个新的路径染色体。第一步，随机选择组合（气源点 p，周期 l）继承父代 1，如图 5－3 所示。在父代 1 的染色体中，周期 2 的气源点 1 和气源点 2 被选出，对应的加气站从父代 1 复制给子代。第二步，继承来自父代 2 的基因，但是这个继承是受限于第一步的，对于剩余的（气源点 p，周期 l）组合，依次考虑每个组合中的每个点，若该点还未被安排或者被安排在气源点 p，并且该点的访问模式包含 l，那么可以将该点加入该组合的路径集。例如，点 3 和点 2 在前面继承中是被安排到气源点 0 上的，且模式都为｛0，1｝，那么这两个点都可被加入；点 7 还未被安排，则也被加入该组合的路径集。在组合（1，1）中，因为点 4 已被安排到气源点 0 上，所以只能继承｛6，9，8｝。在第二步交叉操作之后形成的配送方案可能是不可行的，因此在第三步，通过计算执行一个最优插入。例如，图点 4 的配送量只有 10，无法满足周期 1 的必要需求，那么将点 4 插入组合（0，1）。

（三）教育与修复

通过概率P_m使用教育算子来提高子代解的质量，当进行完教育的子代为不可行时，则修复阶段最终完成教育操作。本书定义了两组本地搜索策略：路径改进策略和模式改进策略。四种路径改进策略分别优化每条路径，而模式改进策略依靠快速和简单的行动，通过改变客户的模式和仓库来改善客户的访问任务。

1. 路径改进策略

一种是，随机选择一个加气站 i，定义节点 i 的领域为距离最近的 hC 个

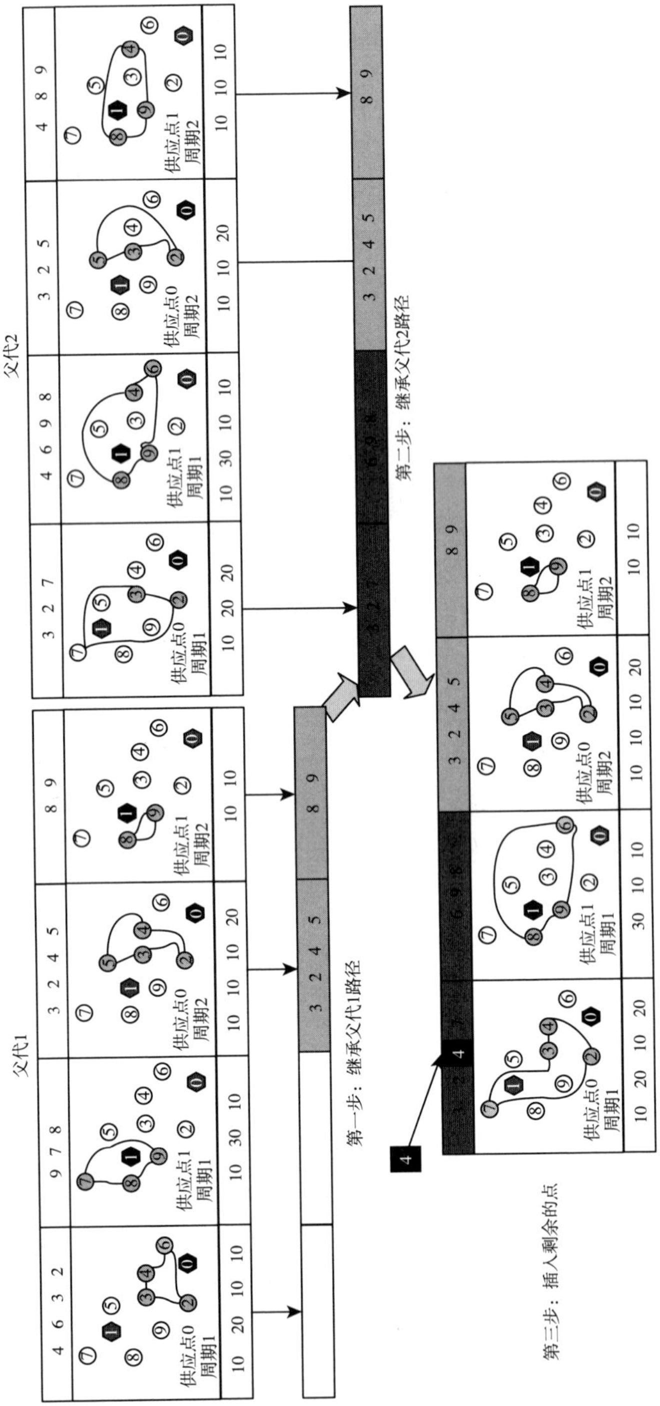

图 5-3　LNG多源采购周期性配送的染色体交叉算子示意图

点，其中 $h \in [0, 1]$。另一种是，限制只搜索最近几个点，令 j 是 i 领域内随机选取的一个加气站。那么路径改进的方式是随机选择一个加气站 i 和随机选取 i 领域内的一个加气站 j 进行以下的移动（下文所提及的 i 和 j 均指加气站）：

（1）若 i 与 j 在同一个周期被同一个气源点配送，则将 i 移动到 j 之后。

（2）若 i 与 j 模式不同且被不同气源点配送，则移除 i 点并根据 j 的模式将 i 插到 j 之后。

（3）若 i 与 j 在同一个气源点配送，且 i 模式包含 j，则根据 j 的模式，将 i 和 j 交换位置；反之若 j 模式包含 i，则根据 i 的模式进行调换。

（4）若 i 与 j 在被不同气源点配送，则将 j 和 i 的配运模式及气源点进行调换，在路径编码中选择合适的位置重新插入 j 和 i，并根据需求重新选择配送量。

2. 模式改进

令 $\bar{p}$ 和 $\bar{l}$ 分别对应当前解——加气站 j 的气源点和模式。模式改进的过程是随机选取一个加气站迭代改进的过程。对于每个加气站 j、气源点 p 和模式 $l \in L_j$，计算气源点 p 在模式 l 下最小成本 $\varphi(j, p, l) = \sum_{o \in l} \varphi(j, p, o)$。如果存在一个组合（$j$，$p$，$l$）使得 $\varphi(j, p, l) < \varphi(j, \bar{p}, \bar{l})$，那么移除所有关于 j 的访问，以气源点 p 和模式 $o \in l$ 插入新的访问，当所有加气站都被考虑之后无可改进时，操作停止。

在这些路径改进和模式改进完成之后，可能会导致得到的子代是不可行的，那么不可行子代以概率 P_{rep} 进行修复操作。

二、切管理

Magnanti 和 Wong 提出了一种新的强切割策略，称为 MW 方法（Papadakos，2008）。通过求解一个辅助对偶子问题来生成 Pareto 最优切（没有被其他切占优的切），由于其对子问题存在依赖，所以其表达有困难。因此Papadakos（2008）引入了一个独立于子问题的版本，也称为增强 MW 方法，记作 EMW。Bayram 和 Yaman（2018）提到这两种算法相较于 Benders 分解算法，其迭代次数和得到的最优切割总次数通常都有所减少。

然而，由于每次迭代都需要求解对偶子问题和 MW 辅助对偶子问题，所以导致 CPU 求解速度会有所下降。由于 EMW 问题独立于子问题，所以可以利用在开始求解 *MP* 之前向 *MP* 添加初始切割的优势，然后利用 Benders 分解算法继续求解，本书将该算法表示为 BD_IC。

在 BD_IC 算法中，利用了独立于对偶子问题求解 EMW 问题的优点，在开始求解 *MP* 之前利用遗传算法（算法 5.1）获得初始解集合，然后求解 EMW 问题，从而生成有效切割的初始集，加入 *MP* 进行求解。本章在生成最初的切割集合时将核心点（属于凸包的相对内点）设置为 1。

三、In－out benders 切

为了解决经典切平面算法的退化现象，Ben－Ameur 和 Neto（2007）考虑了将 In－out 思想引入切生成，In－out benders 切的主要思想是在每次迭代中将解空间中的内点 x_{in} 和外点 x_{out} 线性组合，得到它们的一个中间点，其中内点是原问题的最优可行解，外点是当前主问题的最优解。

在每次迭代中利用这个中间点（也被称为分离点）$x_{sep}=\gamma x_{in}+(1-\gamma)x_{out}$ 生成 Benders 切，其中，$\gamma\in(0,1]$ 是一个提前给定的参数。根据遗传算法获得的初始解集，选取最优的一个解作为 x_{in}，当发现违反 Benders 切时，则将其加入限制主问题，再求解限制主问题获得一个新的 x_{out}，此时 x_{in} 不变。但若没有 Benders 切，那么就得到一个目标值更小的新的主问题的可行解 x_{in}，此时 x_{out} 不变，更新 $x_{sep}=x_{in}$。

四、分支切割算法

在 Benders 求解过程中，每次迭代都需要求解主问题（*MP*），但由于主问题是一个整数规划问题，所以求解起来比较耗时。在求解过程中将整数约束松弛掉，在分支定界的框架下通过求解松弛主问题，并在其中嵌入 Benders 切生成过程和改进策略来求解 MP，从而得到一个改进的分支切割算法。

根据图 5－4 的 Benders 分支切割算法流程，虚线框内的流程为分支树中每个节点需要执行的计算步骤。在求解过程中，一是，通过遗传算法获得原问题的初始解并更新上界；二是，在分支树中选择节点开始对松弛主问题

进行求解，如果松弛主问题不可行或者目标值大于上界，那么进行砍支，选择下一个活跃节点进行求解分析。否则，根据松弛主问题的解进一步生成和求解 Benders 子问题。

1. 子问题的解$\tilde{x}$为整数

通过 Benders 子问题或者其对偶问题的求解得到 Benders 可行切和最优切。若得到可行切，则将其加入松弛主问题，再继续求解；否则，若该整数解的目标值$\tilde{Z}<\bar{Z}$，那么更新上界$\bar{Z}$，验证其是否达到终止条件，即当前最优值与下界的差是否小于给定的阈值，若达到则停止算法。若得到最优切，将其加入松弛主问题，再继续求解；否则选择下一个活跃节点进行求解分析。

2. 子问题的解$\tilde{x}$为分数

通过 Benders 子问题或者其对偶问题的求解得到 Benders 可行切和最优切。若得到任意该最优值的 Benders 切，则将其加入松弛主问题，再继续求解；否则，将进行分支，选择分支变量产生两个子节点，进而选择下一个活动节点进行求解分析。

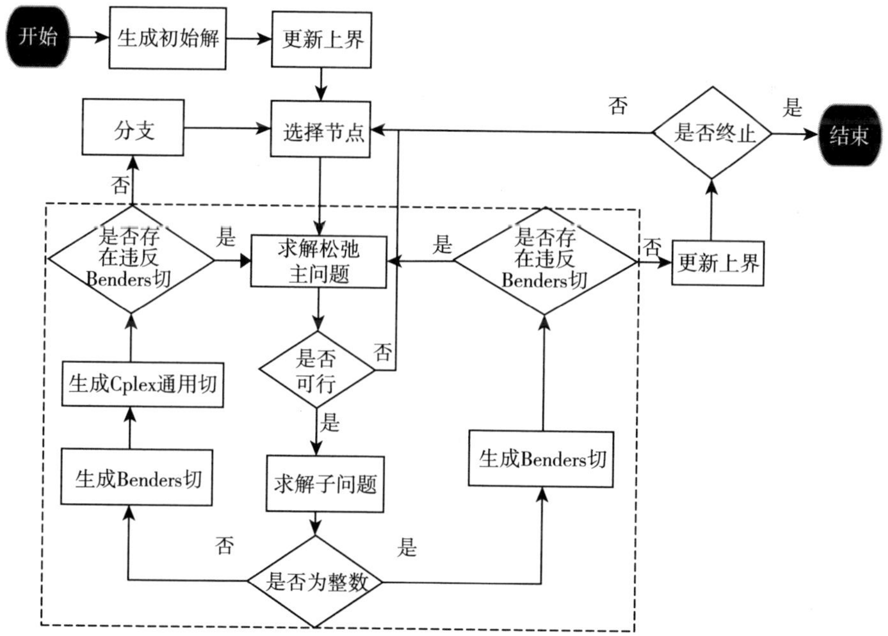

图 5-4　Benders 分支定界算法流程

综上所述，下面通过如下的伪代码介绍如何将加速策略融合到上述所提出的分支定界框架中，算法 5.2 是本章提出的用于求解 LNG 多源采购周期性车辆路径问题的混合 Benders 分解算法的伪代码，如表 5－2 所示。

表 5－2　混合 Benders 分解算法伪代码

算法 5.2　混合 Benders 分解算法伪代码
输入：原问题的可行解 x_{in} 以及目标值 Z，算法终止阈值 τ，参数 γ 输出：原问题的最优解 x 以及目标值 Z^* 初始化：应用算法 5.1 获得初始解集 x_{in}，用切管理生成强切，代入求解当前主问题 MP 获得相应最优解 x_{out} 以及目标值 Z_{MP}，令 $LB=Z_{MP}$，$UB=Z$ 当 $(UB-LB)/UB>\tau$ 时 　令 $x_{sep}=\gamma x_{in}+(1-\gamma)x_{out}$ 　求解对偶子问题 　　如果对偶子问题有界，则 　　　记录当前最优解为 Z_{SP} 　　　生成 Benders 最优切，并添加至主问题中 　　如果对偶子问题无界，则 　　　生成 Benders 可行切，并添加至主问题中 　如果没有 Benders 最优切或 Benders 可行切生成，则 　　令 $x_{in}=x_{sep}$ 　如果 $UB\geqslant Z_{SP}$，则 　　令 $UB=Z_{SP}$ 　求解主问题 MP 获得相应最优解 x_{out} 以及目标值 Z_{MP} 　令 $LB=Z_{MP}$ 返回最优解 x 以及目标值 Z^*

第四节　数值实验

在本节中，通过利用随机生成的数据验证混合 Benders 算法的效率以及各种加速策略的有效性，并对不同参数进行灵敏度分析。所有算法用 Java 编程来实现，并利用 Cplex 12.8 求解线性规划模型。所有实验的运行都是在电脑运行配置为 win 11、64 位操作系统、4GB 运行内存、2.5GHz 的 CPU 的计算机上进行的。

一、混合 Benders 算法性能测试

为评估算法的有效性，本小节根据现实中 LNG 的配送计划设计了 24

组数据执行实验，遗传算法涉及的参数如表 5-3 所示。下面是在算例执行中所涉及的参数设定：

LNG 液化厂和接收站个数为 $|S|$（$|S|=1, 2, 3$）。

加气站的数量为 $|C|$（$|C|=3, 5, 10, 15, 20$）。

计划阶段的周期数为 $|T|$（$|T|=3, 5$），单位为天。

车辆数为 $|K_1|$ 和 $|K_2|$（$|K_1|=|K_2|=1, 2, 3, 4, 5, 6$）。

需求为d_{jt}（d_{jt}为在 [10，40] 范围内随机选取的整数）。

气化率 $\beta=[0.1\%, 0.15\%]$，由离散均匀分布生成。

加气站库存上限$\overline{R}_j$在 [80，250] 中随机选取，$\underline{R}_j=0.1\overline{R}_j$，单位为万吨。

接收站及液化厂的库存上限$\overline{R}_j$在 [300，3 000] 中随机选取，单位为万吨。

槽车和轮船的速度分别为 60 千米/小时和 30 千米/小时。

气化成本系数为 τ（$\tau=[10, 20]$），单位为元/吨。

槽车和轮船运输成本系数分别为 2 元/(千米×吨) 和 1 元/(千米×吨)。

车辆容量为 $Q_k=2\sum_{i\in C_k, t\in T} d_{jt}/(T|K_k|)$，单位为吨。

天然气购买价格 $p_j=[6\ 000, 7\ 000]$，由离散均匀分布生成，单位为元/吨。

表 5-3 遗传算法中的参数

参数	描述	值
Φ	种群规模	[100，1 000]
$Elit$	精英种群比例	0.25
p_c	交叉操作概率	0.5
p_e	修复操作概率	0.1

考虑到参数 γ 对算法的求解效率有一定的影响，分析在执行算法时，In-out benders 切的参数 γ 对算法的影响效果。令 $\gamma\in\{0.1, 0.3, 0.5, 0.7, 0.9, 0.99\}$，对于给定的 γ 生成 10 组算例，表 5-4 表示算法求解得到的平均值，其中第一列为算例，数字依次为算例的气源点个数（$|S|$）、加气站个数 $|C|$ 和周期数 $|T|$。*A. Time* 表示算法平均运行时间单位为秒；*Gap* 表示在 In-out benders 切（IO）添加之后与未添加之间的百分比差距，

即 $Gap=\frac{ObjIO-Obj}{ObjIO}\times 100\%$，其中 $ObjIO$ 表示在 In-out benders 切下得到的最优目标值，Obj 表示没有在 In-out benders 切下得到的最优目标值。

表 5-4　不同参数 γ 下的算法运行时间

算例	A. Time（秒）							Gap（%）
|S| |C| |T|	0.1	0.3	0.5	0.7	0.9	0.99	max	
1 3 3	0.28	0.18	0.14	0.14	0.14	0.13	0.28	53.79
1 3 5	17.72	16.91	16.70	16.65	16.54	16.53	17.72	6.69
1 5 3	295.36	294.76	294.95	293.25	294.18	291.97	295.36	1.15
1 5 5	964.92	936.29	938.40	936.17	936.20	932.51	964.92	3.36
1 10 3	3 229.62	3 253.45	3 230.88	3 045.97	2 889.48	2 934.81	3 253.45	9.79
1 10 5	7 454.01	7 313.64	7 424.75	7 103.29	6 913.77	6 814.06	7 454.01	8.59
2 3 3	0.96	0.45	0.43	0.46	0.43	0.41	0.96	57.05
2 3 5	150.02	136.87	136.02	63.55	63.25	62.62	150.02	58.26
2 5 3	177.03	146.82	172.32	150.83	130.40	130.74	177.03	26.15
2 5 5	339.60	415.95	414.65	414.63	267.76	299.31	415.95	28.04
2 10 3	3 548.97	2 496.00	2 495.53	2 130.82	2 244.67	2 030.97	3 548.97	42.77
2 10 5	4 579.20	4 581.22	4 578.16	4 577.45	4 379.03	4 323.56	4 581.22	5.62
3 3 3	14.29	13.44	13.29	13.24	12.06	10.46	14.29	26.82
3 3 5	56.08	55.69	55.60	54.84	40.44	37.23	56.08	33.62
3 5 3	127.65	128.62	126.64	126.85	126.31	73.95	128.62	42.50
3 5 5	4 524.78	4 521.57	4 522.03	4 521.41	4 519.66	4 246.77	4 524.78	6.14

通过对实验结果的观察得到以下几点发现：

（1）16 组算例中有 13 组算例在 $\gamma=0.99$ 时的求解速度是最快的。对于其他三组算例，是在 $\gamma=0.9$ 时最快，$\gamma=0.99$ 次之，这也说明了 $\gamma=0.99$ 可以获得最优的效率，因此在后续的实验中，设置 $\gamma=0.99$。

（2）通过对 Gap 列的观察，发现所有的 gap 均大于 0，这说明在应用 In-out benders 切之后比没有使用此切得到的值更优，有些算例的 gap 甚至达到 50%以上，这证明了 In-out benders 切对算法效率具有明显的提升作用。

（3）在加了 In－out benders 切的实验中，通过最短求解时间与最长求解时间（max）的对比，发现 γ 的取值在一定程度上影响算法的求解效率。

根据对比实验，测试算法的效率和切管理策略的效果。实验记录了 Cplex 求解器、Benders 分解算法（BD）和带切管理的 Benders 分解算法（BD_CUT）的实验结果，如表 5－5 所示。从算例的未求解个数（*Unsolve*）、平均 CPU 求解时间（*A. Time*）以及最优值的平均差值（*Gap*）三个方面进行对比分析，其中平均差值的计算是根据最优可行解和下界的差的平均百分比（$100\times(z_{UB}-z_{LB})/z_{UB}$）得到的。本书分别对 24 组不同规模的算例进行求解，对于每一个实例分别生成 10 组算例，统计其平均值，并设置最大运行时间为 14 400 秒，超出时间限制的用“—”表示。

计算结果如表 5－5 所示，通过数据结果的观察可以发现：

（1）Cplex 在求解小规模算例（$|C|<5$）时，求解质量是非常高的。但是随着数据规模变大，模型变得更加复杂，求解效率逐渐下降。在 $|C|>10$ 时由于数据规模过大而无法应用 Cplex 求解。

（2）与 Cplex 相比，BD 算法的性能是非常稳定的，特别在 $|C|\geqslant 10$ 时是优于 Cplex 的，BD 算法可以求解 15 个加气站的数据规模。

（3）BD_CUT 可以求解 20 个加气站的数据规模，并且未能求解的算例的差值也只在 2%以内，这说明 BD 算法的效率在加了切管理之后得到一定程度的提升。此外，通过运行时间也可以证明这一点，BD_CUT 的求解时间总小于 BD 的求解时间。

（4）通过实验结果也可以发现无论是气源点、加气站还是周期的数量的增加，都会带来问题复杂度的提高，求解难度也会增加。

二、灵敏度分析

参数对算法效率和优化的目标（总成本）会有一定的影响。由于本书考虑的是槽车和轮船联合运输，轮船可用的数量将直接影响优化结果和目标值。此外，槽车和轮船的运输成本系数对最终优化方案会有很大的影响。假设轮船运输成本系数较低，则更偏向于使用轮船配送，因此本小节研究轮船数量和运输成本系数对算法和成本的影响。

表 5-5　混合 Benders 分解算法效率

算例	Cplex			BD			BD_CUT		
$\|S\|$ $\|C\|$ $\|T\|$	*Unsolve*	A. *Time* (秒)	*Gap* (%)	*Unsolve*	A. *Time* (秒)	*Gap* (%)	*Unsolve*	A. *Time* (秒)	*Gap* (%)
1 3 3	0	0.48	0	0	0.05	0	0	0.02	0
1 3 5	0	30.29	0	0	11.83	0	0	6.16	0
1 5 3	0	4 013.43	0	0	824.50	0	0	300.05	0
1 5 5	10	—	5.98	0	1 187.09	0	0	703.19	0
1 10 3	10	—	22.37	0	3 541.89	0	0	1 304.07	0
1 10 5		Memory		0	8 934.35	0	0	3 160.59	0
1 15 3		Memory		0	11 435.43	0	0	6 435.14	0
1 15 5		Memory		5	13 784.53	0.55	0	7 337.03	0
1 20 3		Memory		10	—	2.56	4	12 985.12	0.08
1 20 5		Memory			Memory		10	—	0.82
2 3 3	0	93.22	0	0	0.98	0	0	0.21	0
2 3 5	10	—	35.78	0	18.23	0	0	8.75	0
2 5 3	10	—	58.34	0	311.17	0	0	159.25	0
2 5 5	10	—	78.43	0	451.63	0	0	236.73	0
2 10 3		Memory		0	2 204.45	0	0	998.43	0

（续）

算例	Cplex			BD			BD_CUT		
|S| |C| |T|	*Unsolve*	A. *Time*（秒）	*Gap*（%）	*Unsolve*	A. *Time*（秒）	*Gap*（%）	*Unsolve*	A. *Time*（秒）	*Gap*（%）
2 10 5		Memory		0	4 523.50	0	0	2 984.35	0
2 15 3		Memory		7	12 494.23	0.38	1	8 943.54	0.07
2 15 5		Memory		10	—	2.03	6	13 489.43	0.78
2 20 3		Memory		10	—	33.42	10	—	5.71
2 20 5		Memory			Memory			Memory	
3 3 3		11 024.52		0	6.14	0	0	1.78	0
3 3 5		Memory		0	80.89	0	0	34.39	0
3 5 3		Memory		0	378.33	0	0	151.69	0
3 5 5		Memory		0	3 984.34	0	0	2 233.01	0
3 10 3		Memory		0	9 595.06	0	0	6 893.52	0
3 10 5		Memory		8	13 895.34	3.45	4	11 453.65	1.45
3 15 3		Memory		10	—	19.29	10	—	11.58
3 15 5		Memory			Memory		10	—	36.43

（一）轮船可用的数量对算法性能的影响分析

考虑在不同轮船数量下运行时间和目标值的变化，对轮船数量从 1 到 5 艘进行实验，对于每个给定的值生成 10 个算例，共进行了 50 组实验。不同轮船数量的运行时间和成本如图 5－5 所示。

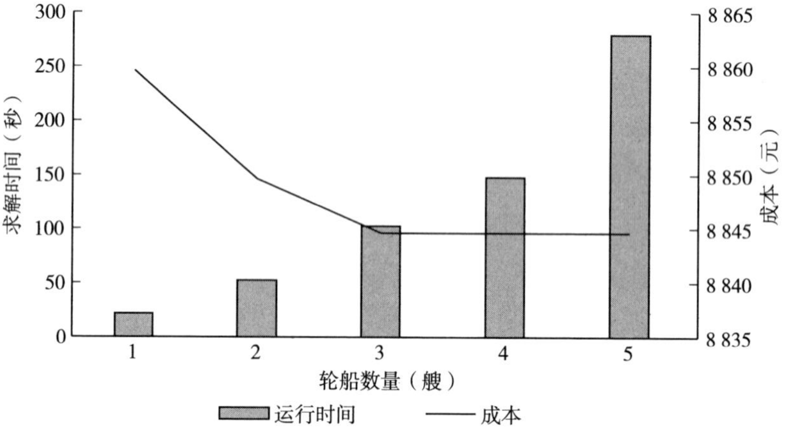

图 5－5　不同轮船数量的运行时间和成本

从图 5－5 的结果发现：

（1）随着轮船数量增多，运行时间稳步增长，这是由于随着轮船数量增加，可用的船变多了，问题就变复杂了，求解难度增大。

（2）当轮船数量增大时，成本迅速下降，直到船的数量达到 3 艘之后，成本趋于平稳。这是因为船运输的单位成本较之槽车而言更低，船可用的数量增加，槽车的使用就会减少，成本就会下降。然而边际效用也在逐渐降低，特别是当船的数量超过 3 艘时，表明更多的船并不一定能降低成本。因此，提出的算法可为企业配置合理的运输工具数量。

（二）槽车和船运输成本系数对解结构的影响分析

考虑在不同槽车和船运输成本系数下，可能在最优调度方案中槽车和船的使用数量也不同。因此，进行敏感性分析，通过改变成本系数（在［5，25］的取值）来进行数值实验。对于给定的成本系数生成 10 个算例，图 5－6 展示了车和船的成本系数对其使用数量的影响。

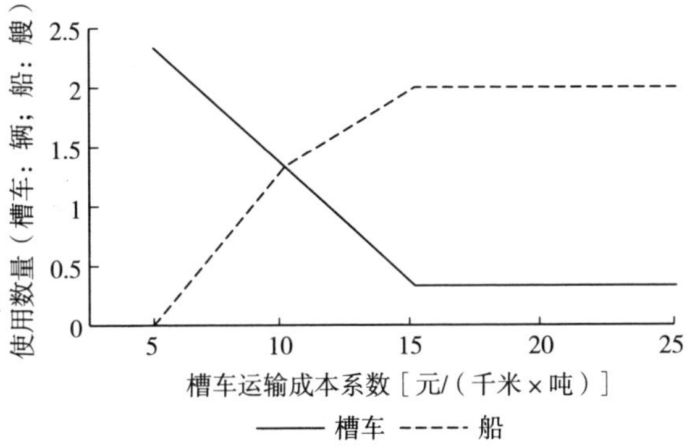

（a）

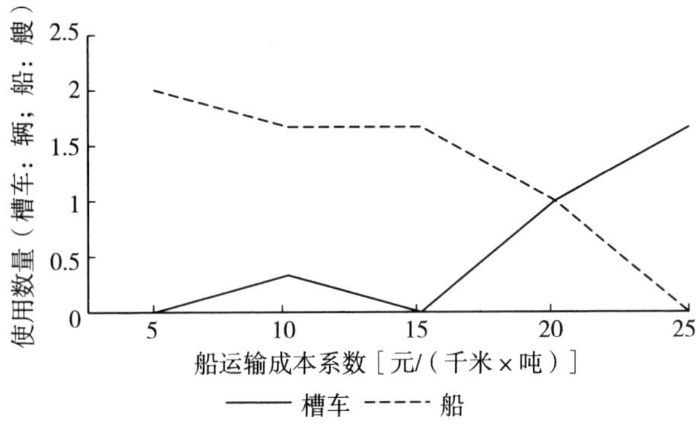

（b）

图 5-6　不同单位运输成本下车和船的使用数量

根据图 5-6 的结果，可以发现：

（1）槽车运输成本系数从 5 元/(千米×吨）增加到 15 元/(千米×吨）时，船的使用数量呈线性增长的趋势，而槽车则呈线性减少的趋势。在达到一定的水平之后，使用数量基本保持不变。这是因为当槽车运输成本增加时，最优方案更倾向于使用轮船进行运输，只有极少数会指派给槽车进行运输，之后当船的数量足够进行运输时，槽车和船的使用数量便不再会产生变化。

（2）船的运输成本系数从 5 元/(千米×吨）增加到 15 元/(千米×吨）时，其对车和船的使用数量会有微弱的影响，因为在这之间，船相较于槽车而言还是具有一定的经济优势。当船的运输成本系数大于 15 元/(千米×吨）

之后，随着船运输成本系数的增加槽车的使用数量随之增加，船的数量则随之减少，这是由于船的经济优势逐渐消失，那么最优方案更倾向于使用槽车进行运输。

（3）总之，槽车和船的运输成本系数的变化对槽车和船的使用数量有一定的影响，因此企业在作最优决策时，应关注运输工具的使用成本。

第五节　本章小结

本章从天然气销售公司视角出发，考虑了在天然气交易中心采购沿海接收站和液化厂的 LNG，并制定低成本、高效率的多源采购决策和周期性的车辆路径方案。在作采购决策之前，企业需要根据以往价格的数据进行评估，给出科学合理的报价。因此，本章利用三角模糊数刻画了模糊价格，构建了具有 LNG 采购决策的多供应点周期性 VRP 的数学模型。为精确求解该模型，设计了混合 Benders 分解算法，该算法在分支定界框架下嵌入了 Benders 分解算法，并采用了遗传算法获得初始解，应用 In - out benders 切和切管理加速策略提高了算法效率。

通过随机生成的 24 组不同规模的数据对算法效率进行评估，结果发现：该算法比 Cplex 求解器效率高，并且加入的 In - out benders 切和切管理可以提高算法的求解效率。此外，通过灵敏度分析发现：船可用的数量对运输成本有直接影响；槽车和船的运输成本系数对最优方案中使用槽车和船的数量有一定的影响。因此，企业在做运输方案设计之前必须提前了解槽车和船的运输成本系数和能够租到的 LNG 运输船的数量。

第六章 LNG内陆多源采购及多式联运问题模型与算法

我国天然气气源存在“南富北乏”现象，在冬季北方供气压力大，因此在第五章的基础上，本章考虑 LNG 远距离的采购模式。传统的槽车运输方式很难满足长距离运输，而宜储宜运的罐箱多式联运可以通过铁路网、长江和京杭运河等进行运输，实现 LNG 多元化运输供给。罐箱多式联运通过火车和轮船等运费低、节能环保的运输方式进行远距离配送，先将 LNG 运输到中转点，再通过槽车完成近距离配送。这样的运输模式具有高效率、低成本和周转灵活的优势，有助于打通南气北运 LNG 物流通道，实现天然气多元化供给。在这种新模式下，研究多源采购及 LNG 罐箱多式联运路径优化在实现天然气运输降本增效、节能减排的目标上具有重要现实意义。

多式联运是指在运输过程中不改变装载单元（如集装箱）的情况下，通过至少两种不同的方式进行货物运输的一种运输方式，是车辆路径问题（VRP）的一类变体。目前研究较多的多式联运问题有转运码头优化（SteadieSeifi 等，2014；Vasconcelos 等，2011；吴小凤，2020）以及运输网络优化（Agatz 等，2018；Poikonen 等，2019；綦潘安等，2022；Archetti 等，2022；颜瑞等，2022）等。本书主要关注的是运输网络优化问题，Nossack 和 Pesch（2013）在多式联运网络中通过转运码头将运输方式从公路改为铁路，并考虑带时间窗的整车取货和交货问题，提出针对整车调度问题的两阶段近似求解算法。Inghels 等（2016）研究城市固体废物回收的网络优化问题，将该问题通用模型应用于比利时北部佛兰德斯地区的一个真实案例。计算结果表明，槽车和内河运输的多式联运模式可以有效减少碳排放，达到碳减排的目的。另外有部分学者考虑多式联运网络的不确定性因素（程兴群等，2021；邹高祥等，2018；张旭等，2021）。Poudel 等（2016）研究原料供应不确定下生物质燃料供应链网络设计优化问题，提出两阶段随机规划模型，使用混合分解算法来求解该模型。

目前 LNG 罐箱多式联运问题的研究尚在起步阶段。邹奕奕（2020）考虑客户优先级的内陆 LNG 多式联运问题，并利用遗传算法和粒子群算法求解，但他只考虑价格确定且只有一个气源点的路径优化问题。而随着我国天然气市场化改革的实施，采购价格存在明显的波动及时空差异。如上海石油天然气交易中心的数据显示，江苏如东 LNG 接收站每吨交易价从 2022 年 2 月的 9 100 元变为 6 月的 7 150 元，而重庆涪陵液化厂每吨交易价从 7 800 元变为 6 207 元。天然气销售公司为满足中国部分区域的天然气应急调峰和内河接收站加注的需求，需要将从液化厂和 LNG 接收站采购到的 LNG 通过罐箱多式联运的方式配送到加气站。为此，本书考虑价格和距离的双重因素，以采购成本、运输成本、气化成本和装卸成本的成本之和最低为目标，为天然气销售公司设计采购及运输方案。由于这是一类具有多供应点、多种运输方式且包含分批配送和气化等特征的新型复杂运输问题，是典型的 NP－hard 问题。因此，本书构建了数学模型并提出了结合遗传算法的混合拉格朗日松弛算法，用数值实验验证了该算法良好的寻优性能。

第一节　问题描述与模型构建

一、问题描述

LNG 多源采购及多式联运配送网络（图 6－1）$G=(N, A)$ 由节点集合 N 和弧集 A 构成，其中 $N=\{S \cup C\}$ 包括气源点集 S 和加气站集 C，气源点又包括液化厂 S^u 和沿海接收站 S^v，A 表示允许运输工具行驶的弧集。根据运输距离和可选择的运输方式不同，可以将该配送网络划分为两个阶段：在第一阶段，有 U 辆火车、V 艘轮船负责配送，火车（轮船）从气源点将装载 LNG 的罐箱运输至部分加气站（也称中转点），再返回起点。它们的装载容量分别为Q_u且$u=\{1, \cdots, U\}$和Q_v且$v=\{1, \cdots, V\}$，在经过弧$(i, j)\in A$时产生的单位运输成本分别为c_{ij}^u和c_{ij}^v。第二阶段将LNG罐箱通过槽车运输至剩余加气站，负责配送的槽车从其中一个中转点出发，访问一个加气站再返回中转点，槽车经过弧$(i, j)\in A$产生的单位运输成本为c_{ij}^2。

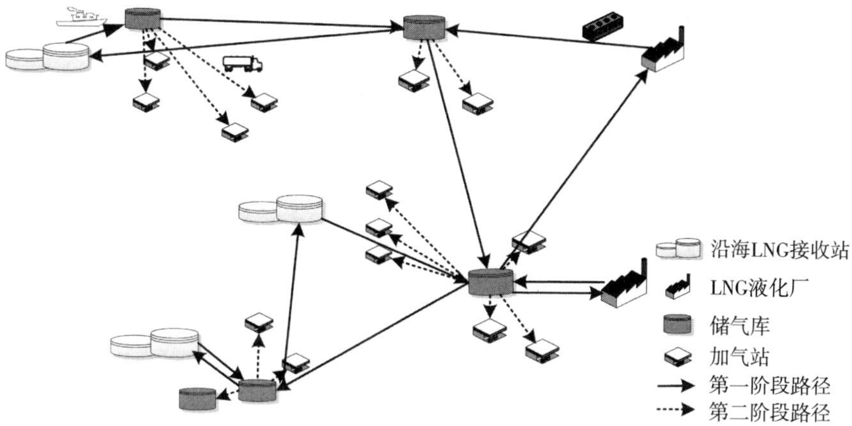

图6-1 LNG罐箱多式联运示意图

基于上述LNG多源采购及多式联运配送网络，天然气销售公司在交易平台采购之前，既要考虑采购决策，又要进行配送网络的优化，实现采购和运输的总成本最小。优化过程涉及如下决策：

(1) 采购量优化：每个气源点i的报价不同，最后成交价$\tilde{p}_i$存在不确定性，在距离和价格双重因素的影响下进行采购。

(2) 中转点选取：在加气站中选取一些中转点进行转运，当加气站j被选为中转点，f_j为点j的固定使用成本。

(3) 运输路径和运输量优化：涉及两个阶段三种运输方式的路径优化。

需要说明的是，罐箱多式联运的需求d_j是以罐箱为单位的，且装卸一个罐箱产生的操作成本为μ。每个用气点仅能被一种运输工具配送，由于容量约束，可能需要多辆火车（或船、或槽车）才能满足用气点的需求，所以允许分批配送，即每个点可被多辆火车（或船、或槽车）访问。

LNG在运输过程中会有部分发生气化，气化与容量和距离相关，系数为β。第一阶段运输量大且距离远，气化成本是不可忽略的，而第二阶段运输过程较短，气化可忽略不计。因此，在本书中只考虑第一阶段运输中的气化成本。

可优化的目标成本包括采购成本、运输成本、装卸操作成本、中转点使用成本和气化成本。LNG 在每个气源点的单价有所不同，并存在不确定性。采购成本是所有气源点购买费用之和。

二、模型构建

基于第五章介绍的不确定变量$\tilde{p}=(p^L, p^E, p^U)$，其中$p^L$为最低价格，$p^U$为最高价格，$p^E$为隶属度为 1 的价格，在本章中利用三角模糊数对采购价格做同样的处理，$\tilde{p}$的隶属函数如下：

$$\mu_{\tilde{P}}(x)=\begin{cases}(x-p^L)/(p^E-p^L) & p^L\leqslant x<p^E\\ 1 & x=p^E\\ (p^U-x)/(p^U-p^E) & p^E<x\leqslant p^U\\ 0 & \text{其他}\end{cases} \tag{6-1}$$

本节提出了该问题确定性的数学规划模型，下文介绍决策变量：

$y_{ju}(y_{jv})$：若加气站被选为中转点且被火车 u（船 v）访问则为 1；否则为 0。

$x_{ij}^u(x_{ij}^v)$：若弧（i，j）被火车 u（船 v）访问则为 1。

Γ_i：在气源点 i LNG 总购买量。

$Q_{ju}(Q_{jv})$：火车 u（船 v）在访问节点 j 之后的剩余装载量。

$Z_{ju}(Z_{jv})$：火车 u（船 v）在中转点 j 的卸货量。

$F_{ju}(F_{jv})$：火车 u（船 v）在节点 j 的气化量。

q_{ij}：从中转点 i 配送到加气站 j 为 1，否则为 0。

那么，LNG 多式联运数学规划模型（MP－LNGMT）如下：

$$\begin{aligned}\min\ & \sum_{j\in J} f_j\Big(\sum_{u\in U} y_{ju}+\sum_{v\in V} y_{jv}\Big)+\sum_{u\in U}\sum_{i\in N}\sum_{j\in N} c_{ij}^u x_{ij}^u+\sum_{v\in V}\sum_{i\in N}\sum_{j\in N} c_{ij}^v x_{ij}^v\\ & +\mu\Big(\sum_{u\in U}\sum_{j\in J} Z_{ju}+\sum_{v\in V}\sum_{j\in J} Z_{jv}\Big)+\sum_{i\in J}\sum_{j\in J}(c_{ij}^2+\mu)\, q_{ij}\, d_j\\ & +\beta C_g\Big(\sum_{u\in U}\sum_{j\in J} F_{ju}+\sum_{v\in V}\sum_{j\in J} F_{jv}\Big)+\sum_{i\in S}\tilde{p}_i\Gamma_i\end{aligned} \tag{6-2}$$

s. t.

$$\sum_{i \in J \cup S^u} x_{ij}^u = \sum_{l \in J \cup S^u} x_{jl}^u = y_{ju} \quad \forall j \in J, u \in U \tag{6-3}$$

$$\sum_{i \in J \cup S^v} x_{ij}^v = \sum_{l \in J \cup S^v} x_{jl}^v = y_{jv} \quad \forall j \in J, v \in V \tag{6-4}$$

$$\sum_{j \in J} x_{ij}^u = \sum_{j \in J} x_{ji}^u \quad \forall i \in S^u, u \in U \tag{6-5}$$

$$\sum_{j \in J} x_{ij}^v = \sum_{j \in J} x_{ji}^v \quad \forall i \in S^v, v \in V \tag{6-6}$$

$$\sum_{u \in U} Q_{iu} \leqslant \Gamma_i \quad \forall i \in S^u \tag{6-7}$$

$$\sum_{v \in V} Q_{iv} \leqslant \Gamma_i \quad \forall i \in S^v \tag{6-8}$$

$$Q_{ju} + Z_{ju} \leqslant Q_{iu}(1 - \beta T_{ij}) + M(1 - x_{ij}^u) \quad \forall i \in S^u \cup J, j \in J, u \in U \tag{6-9}$$

$$Q_{jv} + Z_{jv} \leqslant Q_{iv}(1 - \beta T_{ij}) + M(1 - x_{ij}^v) \quad \forall i \in S^v, j \in J, v \in V \tag{6-10}$$

$$F_{ju} \geqslant Q_{iu} \beta T_{ij} + \Gamma_i (x_{ij}^u - 1) \quad \forall i \in N, j \in J, u \in U \tag{6-11}$$

$$F_{jv} \geqslant Q_{iv} \beta T_{ij} + \Gamma_i (x_{ij}^v - 1) \quad \forall i \in N, j \in J, v \in V \tag{6-12}$$

$$Z_{ju} \leqslant Q^u y_{ju} \quad \forall j \in J, u \in U \tag{6-13}$$

$$Z_{jv} \leqslant Q^v y_{jv} \quad \forall j \in J, v \in V \tag{6-14}$$

$$Q_{ju} \leqslant Q^u y_{ju} \quad \forall j \in J, u \in U \tag{6-15}$$

$$Q_{jv} \leqslant Q^v y_{jv} \quad \forall j \in J, v \in V \tag{6-16}$$

$$\sum_{j \in J} q_{ij} d_j \leqslant \sum_{w \in (U \cup V)} Z_{iw} \quad \forall i \in J \tag{6-17}$$

$$\sum_{i \in J} q_{ij} \geqslant (1 - \sum_{w \in (U \cup V)} y_{jw}) \quad \forall j \in J \tag{6-18}$$

$$y_{ju}, y_{jv}, x_{ij}^u, x_{ij}^v, q_{ij} \in \{0,1\} \quad \forall i,j \in N, u \in U, v \in V \tag{6-19}$$

$$\Gamma_i, Q_{ju}, Q_{jv}, Z_{ju}, Z_{jv} \geqslant 0 \quad \forall i,j \in N, u \in U, v \in V \tag{6-20}$$

目标函数（6-2）表示最小化总成本，总成本是指中转站的使用成本、第一阶段和第二阶段的运输成本、气化成本、装卸操作成本和采购成本之和。约束（6-3）和（6-4）确保中转点被选定后，节点 j 的出弧和入弧是相等的。（6-5）和（6-6）表示火车和船离开气源点必须返回同一个气源点。约束（6-7）和（6-8）表示运出气源点的总量不能超出在该点的购买量。（6-9）和（6-10）为访问弧（i，j）$\in A$ 时剩余容量与卸载量的关系。约束（6-11）和（6-12）是火车和船的气化量与剩余容量的关系。（6-13）和（6-14）表示当确定 j 为中转点时，则在该点的卸货量可以大于0。（6-15）和（6-16）为容量限制。（6-17）是指第二阶段中转点货物量必须满足它所配送的加气站的需求。（6-18）是指第二阶段每个点的需求必须被满足。（6-19）和（6-20）分别为决策变量的整数约束和非负约束。

设三角模糊数 $\widetilde{p}=(p^L, p^E, p^U)$，其中 $p^L<p^E<p^U$，对于任意置信水平 $\alpha(0<\alpha<1)$，$Pos\{\widetilde{p}\leqslant 0\}\geqslant\alpha$ 成立。因此，目标转换为以下确定性模型：

$$\min \overline{F} \tag{6-21}$$

s. t. 除上述（6-3）至（6-20）外，还包括：

$$\begin{aligned}&\sum_{j\in J} f_j\Big(\sum_{u\in U} y_{ju}+\sum_{v\in V} y_{jv}\Big)+\sum_{u\in U}\sum_{i\in N}\sum_{j\in N} c_{ij}^u x_{ij}^u+\sum_{v\in V}\sum_{i\in N}\sum_{j\in N} c_{ij}^v x_{ij}^v\\&+\mu\Big(\sum_{u\in U}\sum_{j\in J} Z_{ju}+\sum_{v\in V}\sum_{j\in J} Z_{jv}\Big)+\sum_{i\in J}\sum_{j\in J}(c_{ij}^2+\mu)\,q_{ij}\,d_j\\&+\beta C_g\Big(\sum_{u\in U}\sum_{j\in J} F_{ju}+\sum_{v\in V}\sum_{j\in J} F_{jv}\Big)+\sum_{i\in I}\Gamma_i\big((1-\alpha)\,\widetilde{p}_i^L+\alpha\,\widetilde{p}_i^E\big)\end{aligned} \tag{6-22}$$

第二节　混合拉格朗日松弛算法

由于该问题是一个多供应点的多式联运问题，其中还涉及中转点的选取，直接应用商用求解器 Cplex 求解非常耗时，在数值实验中也验证了这点。通过数值实验发现该问题难求解是由于存在一个耦合约束（6-18）。因此，本书设计了混合拉格朗日松弛算法进行求解。拉格朗日松弛算法的思想是将约束分为简单的约束和困难的约束，将困难的约束以惩罚项的形式加到目标中，降低问题的求解难度。该方法可以得到优于线性松弛的下界，但同时也存在一定的局限性，很难得到问题的可行解。因此，需要设计启发式算法获得有效的可行解。本节在以次梯度算法为主算法的基础上，应用遗传算法获得初始可行解，以及通过改良拉格朗日松弛解来得到更好的上界。通过反复操作，利用遗传算法得到的最小上界和拉格朗日松弛算法得到的最大下界逼近最优解。

一、拉格朗日松弛算法

将 LNG 多式联运数学模型进行拉格朗日松弛变换，由于（6－18）是困难约束，所以将该约束松弛到目标函数中，得到以下松弛模型：

$$\min \bar{F} + \sum_{j \in J} \lambda_j \left(\left(1 - \sum_{w \in U \cup V} y_{jw} \right) - \sum_{i \in J} q_{ij} \right) \qquad (6-23)$$

s. t. 除上述式（6－3）至（6－17）、（6－20）和（6－22）外，还包括如下内容：

$$0 \leqslant y_{ju} \leqslant 1, 0 \leqslant y_{jv} \leqslant 1, 0 \leqslant x_{ij}^{u} \leqslant 1, 0 \leqslant x_{ij}^{v} \leqslant 1, 0 \leqslant q_{ij} \leqslant 1$$

$$\forall i \in N, j \in N, u \in U, v \in V \qquad (6-24)$$

式中，λ_j 为第 j 个客户需求约束的拉格朗日乘子，令 $\vec{\lambda}$ 是拉格朗日乘子的向量。因此，拉格朗日松弛问题的对偶问题为：

$$\max_{\vec{\lambda} \geqslant 0} \quad Z(\vec{\lambda})$$

拉格朗日松弛问题的下界可以通过对偶问题得到，利用次梯度方法迭代更新拉格朗日乘子进而求解拉格朗日松弛问题。初始化一个拉格朗日乘子 λ^0，利用下式迭代求解拉格朗日乘子：

$$\lambda_j^{t+1} = \max\{0, \ \lambda_j^t + s^{t+1} \eta_j^{t+1}\} \qquad (6-25)$$

其中 t 表示迭代次数，s^{t+1} 表示步长，η_j^{t+1} 是次梯度方向向量的分量。

$$\eta_j^{t+1} = d_j \left(1 - \sum_{w \in U \cup V} y_{jw} \right) - \sum_{i \in J} q_{ij} \qquad (6-26)$$

步长根据二范数计算得到如下：

$$s^{t+1} = \frac{\tau(Z_U^{t+1} - Z_L^{t+1})}{\| \vec{\eta}^{t+1} \|^2} \qquad (6-27)$$

上界 Z_U^{t+1} 和下界 Z_L^{t+1} 分别是在 $t+1$ 次迭代中通过下一节的遗传算法得到的目标函数值和利用拉格朗日松弛算法得到的目标值，$\| \vec{\eta}^{t+1} \|^2$ 是次梯度向

量$\vec{\eta}^{t+1}$的二范数。拉格朗日松弛算法的流程见表 6－1。

表 6－1　拉格朗日松弛算法的流程

算法 6.2　LNG 多式联运的拉格朗日松弛算法伪代码
步骤 1：初始化迭代次数 $t=0$，拉格朗日乘子$\lambda_j^0=0$，步长$s^0=0$
步骤 2：应用算法 6.3 求解得到初始可行解，获得上界Z_U^0
步骤 3：如果下界和上界之间的差值小于预给定的值或迭代次数$>It_L$则终止
步骤 4：通过 Cplex 求解拉格朗日松弛问题，通过式（6－25）更新拉格朗日乘子，更新下界 $Z_L^*=\max\{Z_L^t, Z_L^*\}$
步骤 5：若满足步骤 3，则终止；否则通过调整并应用遗传算法的教育和修复操作进行局部优化生成可行解，更新上界$Z_U^*=\min\{Z_U^t, Z_U^*\}$

拉格朗日松弛模型得到的解需要通过调整才可以得到可行解。具体地，对于每个点 j，若 j 只被分配到一个位置，则不做调整；若 j 被选为中转点且分配到两个位置上，则不做调整；若 j 为加气站且分配到两个位置，则删除一个；若 j 没有被安排，则随机插入加气站，并将其需求量加到对应的中转点上。

二、遗传算法

针对 LNG 这一具有特殊配送特征的实际问题，本书设计了混合遗传算法以获得优质的初始解，该算法是参考了 Vidal 等（2012）求解多供应点和周期性车辆路径问题设计的混合遗传算法。该算法的流程如表 6－2 所示。算法 6.3 主要通过一些改进操作不断地对种群进行更新换代，从而得到最优解。该算法应用操作（交叉变异操作）选择两个父代个体并进行组合，得到一个新的个体（子代），通过教育和修复操作对其进行改进，并将其可行解纳入相应的种群。

表 6－2　遗传算法的流程

算法 6.3　LNG 多式联运的混合遗传算法伪代码
初始化种群 Φ
若迭代次数$<It_{NI}$
根据目标函数值计算适应值，通过适应值大小选择出精英种群 Elit

（续）

选择父代Φ_1和Φ_2，父代Φ_1从 Elit 中随机选取，Φ_2从 Φ 中随机选取
通过概率P_c对父代Φ_1和Φ_2进行交叉操作得到子代Φ_c
通过概率P_m进行教育优化子代Φ_c
若Φ_c可行，则将解插入种群 Φ
若Φ_c不可行，则通过概率P_{rep}将其修复为可行并插入种群 Φ
得到新种群 Φ，更新最优值
返回最优可行解

（一）染色体编码

本书中，在一个 LNG 多式联运的解中需要包括中转点的选择、气源点到中转点的路径和运输量，以及给中转点指派加气站。为该问题设计的个体是三个染色体的集合：路径染色体（*fc*）、运输量染色体（*wc*）、中转点染色体（*sc*）。路径染色体包括随机在加气站中选择中转点，以任意顺序排列。运输量染色体随机选取运输量给中转点。中转点染色体是给每个中转点分配需要配送的加气站集合。图 6－2 为一个例子解释如何编码。

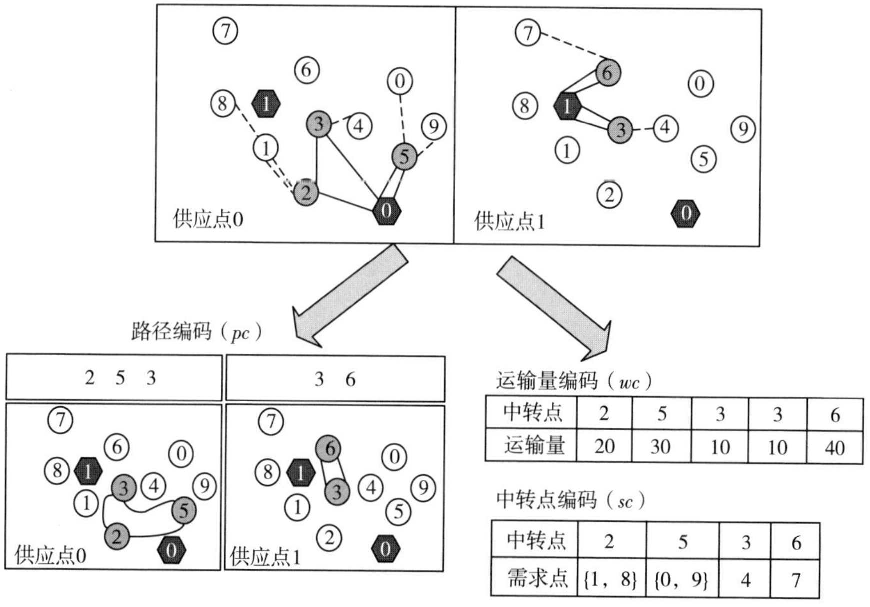

中转点	2	5	3	3	6
运输量	20	30	10	10	40

中转点	2	5	3	6
需求点	{1，8}	{0，9}	4	7

图 6－2 LNG 多源采购及多式联运染色体编码示意图

在气源点 0（六角形）上，与之连接的 2、3 和 5 是被选的中转点，在路径染色体编码中，“2　5　3”被列在图的上方。运输量染色体编码中的整数对应每个中转点的卸货量。与 2 虚线连接的 1 和 8 表示 2 负责配送的加气站。在中转点染色体编码中，2 所负责的加气站为 1 和 8、5 负责的加气站为 0 和 9、3 负责的加气站为 4、6 负责的加气站为 7。

在路径编码中把所有需要访问的中转点组成一个大的回路有助于在交叉变异操作中进行交换，但要得到一个解和它的费用，还需要将路径进行分段。应用 Prins（2004）在遗传算法中的 Split 算法进行分段。

（二）种群选择与交叉操作

遗传算法的交叉操作是指选择了两个父代染色体Φ_1和Φ_2，通过交叉得到单个个体Φ_c的操作。父代选择采用二元锦标赛的方法，在父代种群中随机（均匀概率分布）选择两个个体，两两比较并保留最优的那一个。在交叉操作中，从精英种群中选取一个个体，另一个从所有父代中选取。因此，可行和不可行的个体可能会被选择进行交叉，以便将搜索空间接近可行边界的地方，期望通过这种方法找到高质量的解。

本书提出了一种具有插入的交叉（PIX），旨在传输良好的访问序列，同时实现运输量、中转点和路由重组。这将允许搜索空间的广泛探索和在一定程度上改进解决方案。具体地，在子代的染色体中，第一阶段路径（fc）和运输量（wc）继承父代 1 的，然后给中转点指派加气站，将父代 2 中的中转点（sc）依次填充在它们至子代的 sc 中，多余的加气站则依次随机选择一个中转点插入。具体如图 6－3 所示。

对此给出了 2 个气源点和 10 个加气站的例子进行解释。如图 6－3 所示，父代 1 的中转点经算法分割后的路径（{2，3}、{5}、{3}、{6}）和运输量直接遗传给子代。在父代 2 的中转点（{4，5}、{1}、{7}）中，每个中转点需要配送的加气站分别为（{2，3}、{9}、{8}、{6，0}）。接着依次将其填充到子代的 sc 中，与子代中转点重复的点跳过，那么子代中转点（{2}、{5}、{3}、{6}）配送的加气站为 Ø、{9}、{8}、{0}。剩余加气站 1、4、7 还未安排，依次随机选择中转点将其插入。得到的子代运输量可能

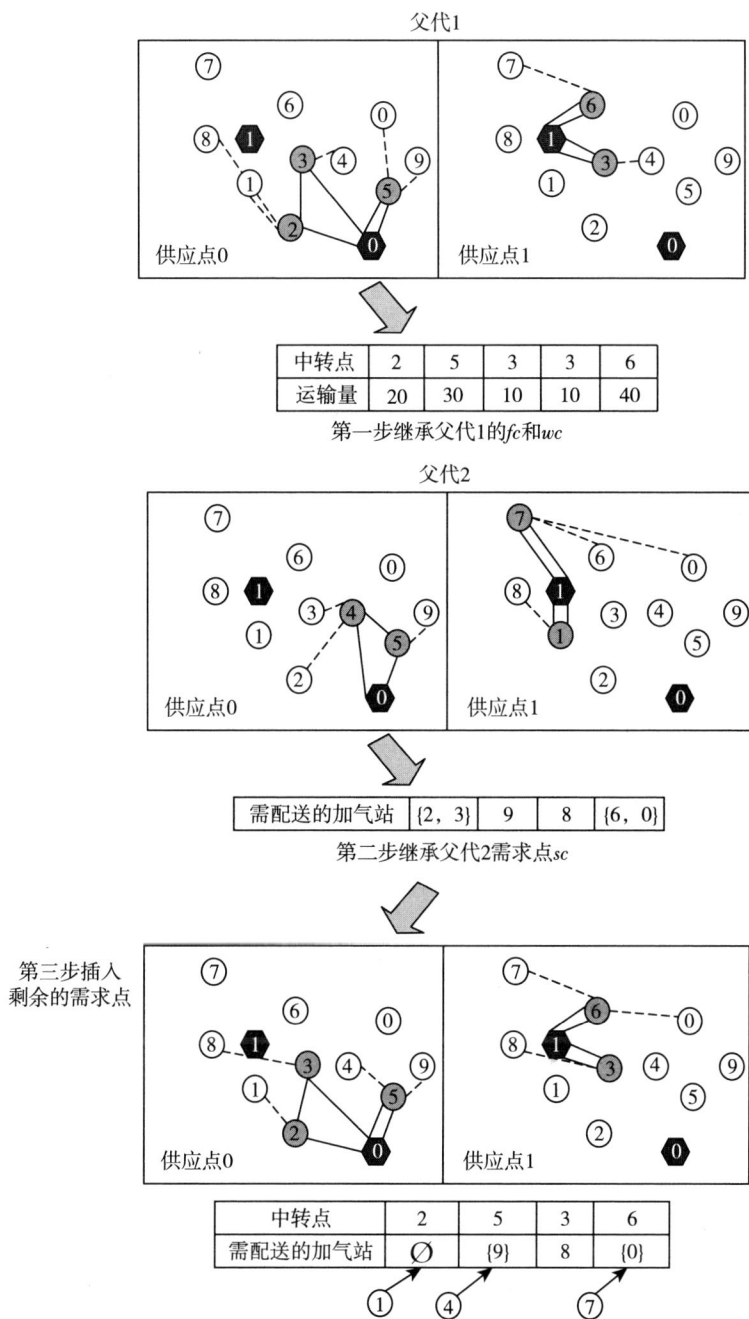

父代1

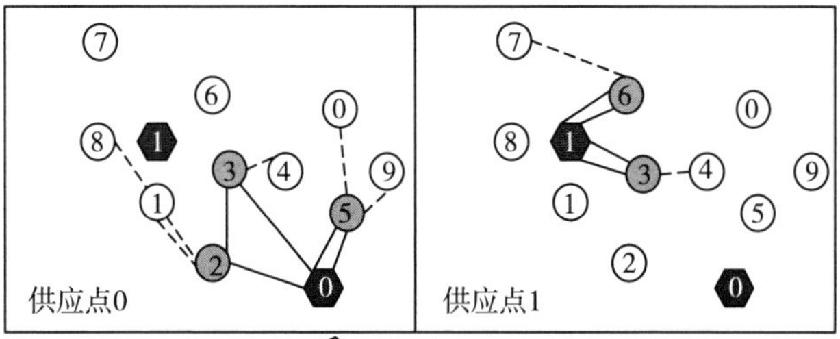

中转点	2	5	3	3	6
运输量	20	30	10	10	40

第一步继承父代1的*fc*和*wc*

父代2

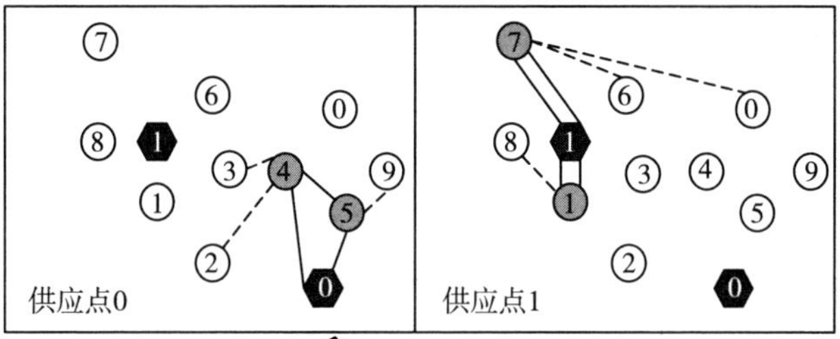

需配送的加气站	{2，3}	9	8	{6，0}

第二步继承父代2需求点*sc*

第三步插入剩余的需求点

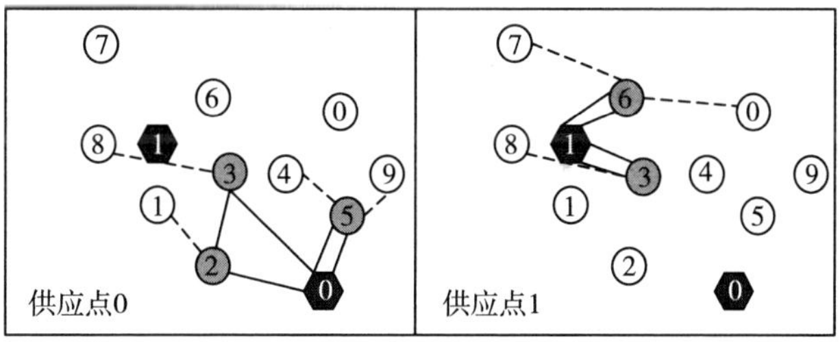

中转点	2	5	3	6
需配送的加气站	∅	{9}	8	{0}

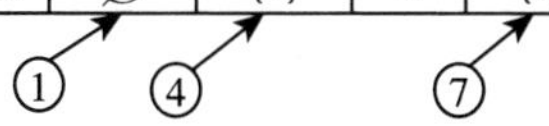

图 6－3 LNG 多源采购及多式联运染色体交叉算子示意图

会导致解不可行，通过修复将解进一步完善。

（三）教育与修复

在概率P_m下使用教育算子来提高子代解的质量。教育优于经典的遗传算法策略（随机突变和爬山算法），因为它包含了 VRP 的几个基于邻域的局部搜索过程。当受教育的后代不可行时，则须通过修复完成后续的教育操作。

三组教育操作：交换、移动和增减。具体如下：

（1）随机选取一个中转点和一个需求点进行交换。

（2）随机选择两个中转点位置互相调换。

（3）随机选取两个需求点进行位置调换。

（4）将一个随机选出的中转点移动并插入需求点集合。

（5）随机选择一个需求点移动并插入中转点集。

（6）随机选择一个需求点从一个中转点移动到另一个中转点中。

（7）随机选择一个中转点，使其运输量增加一个单位。

（8）随机选择一个中转点，使其运输量减少一个单位。

当所有可能的移动都连续尝试但没有成功时，路径改进阶段就会停止。交换和移动之后会导致解不可行，通过修复将解进一步完善。

第三节　数值实验

在本节中，通过数值实验验证本书提出算法的性能，然后通过灵敏度分析检验参数对问题的影响。本实验通过 Java 编程以及 IBM Cplex12.8 求解，电脑运行配置为 Windows 11、64 位操作系统、4GB 运行内存和 2.5GHz 的 CPU。

一、混合拉格朗日松弛算法效率测试

本书测试了不同数据规模下混合拉格朗日松弛算法的效率，算例采用 Chao（1993）的 MDVRP 数据集中的 Problem1、Problem3 和 Problem7 进行实验。车辆容量限制、气化及各种成本系数如表 6-3 所示，遗传算法中的参数与第五章的一致。

表 6－3 混合拉格朗日算例中的参数

参数	描述	值
β	气化率	0.1%
μ	固定卸载费用系数，元/罐	200
Q_u	火车容量，罐	100
Q_v	轮船容量，罐	120
Q_2	槽车容量，罐	1
c_{ij}^u	火车运输成本系数，元/(罐×千米)	12
c_{ij}^v	轮船运输成本系数，元/(罐×千米)	10
c_{ij}^2	槽车运输成本系数，元/(罐×千米)	20
f	中转点使用费用	1 000
$[\tilde{p}_i^L,\ \tilde{p}_i^U]$	$\tilde{p}_i^L$和$\tilde{p}_i^U$为 LNG 价格下界和上界，元/吨	[6 000，7 000] 离散均匀分布

本书测试了三个算例在不同数据规模下的结果。在实验中，N 为加气站，M 是气源点。通过对偶间隙 $Gap=(UB-LB)/LB\times100\%$ 和运行时间来衡量算法的性能。利用混合拉格朗日松弛算法得到的对偶间隙为 $LG-gap$，利用遗传算法得到对偶间隙为 $GA-gap$。Cplex 求解平均运行时间为 $A.T-Cplex$，混合拉格朗日松弛算法求解的平均运行时间为 $A.T-LG$，遗传算法求解平均运行时间为 $A.T-GA$，*Iterations* 表示算法的迭代次数。实验只记录在三个小时以内求解出来的结果，超出三小时的则用“—”表示。表 6－4 记录了每个算例 10 次运行结果的平均值。

由实验可知，由于该问题复杂度较高，Cplex 等商业求解器很难在有限的时间内得到最优解，在实验中只有加气站为 20 以下的算例才能被求解。混合拉格朗日松弛算法和遗传算法的对偶间隙在 5%和 10%以内，这说明利用本书设计的遗传算法和混合拉格朗日松弛算法获得的解是比较优质的。此外，在运行时间上，当数据规模较小时，如 C 为 10 和 20，两种方法求解的时间相差不大；而当 C 为 20 以上时，混合拉格朗日松弛算法的运行时间远超出遗传算法的运行时间；甚至在 C 为 50 时，迭代到 4 次就超出时间限制了。由于遗传算法可以在两分钟以内求解较大规模问题，所以在数据规模过大，以及利用混合拉格朗日松弛算法无法求解时，可应用本章开发的遗传算法进行求解。

表 6-4 混合拉格朗日松弛算法效率

	C	S	LG-gap (%)	GA-gap (%)	A. T-Cplex (秒)	A. T-LG (秒)	A. T-GA (秒)	Iterations (次)
Problem1	10	2	0.06	0.71	3.42	2.06	1.16	4
	20	2	0.09	1.88	—	5.41	2.04	6
	30	3	1.65	3.45	—	77.52	3.62	11
	40	3	3.68	4.66	—	195.89	5.28	10
	50	4	4.03	8.14	—	7 443.20	17.83	4
Problem3	10	2	0.11	0.51	3.78	3.70	1.14	3
	20	2	0.56	0.95	—	17.55	1.93	7
	30	3	0.66	3.89	—	135.9	5.81	11
	40	3	1.23	4.39	—	947.30	7.38	11
	50	4	3.38	9.86	—	7 370.39	15.72	4
Problem7	10	2	0.02	0.17	4.03	2.41	0.78	3
	20	2	0.35	1.03	1 168.39	15.61	1.15	7
	30	3	1.28	3.11	—	97.57	6.76	9
	40	3	2.14	3.14	—	556.77	13.43	11
	50	4	4.11	8.46	—	8 372.24	11.43	3

基于算例 Problem1 的求解过程，记录在迭代过程中 *Gap* 的收敛情况，如图 6-4 所示。在第二次迭代时，由于遗传算法提供了较优质的初始解，该算法的 *Gap* 为 6%以下。不同规模的数据集在第四次迭代之后，算法均趋于收敛。

二、灵敏度分析

在上述实验中发现运输工具的容量和气源点之间的价格差对算法的求解效率会有一定的影响，因此本小节基于算例 Problem1 中 30 个需求节点的数据对算法中的参数进行测试。本小节测试了火车和船在不同容量下的 CPU 运行时间的变化，分别测试了火车容量在 {70，80，90，100} 不同取值下

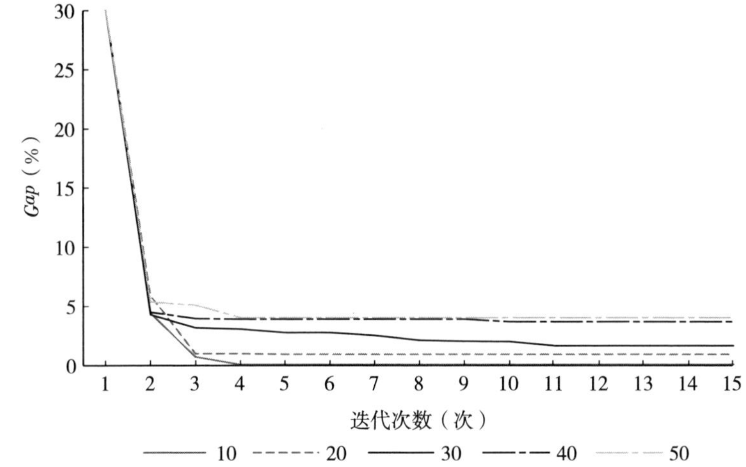

图 6-4 算例 Problem1 迭代中 *Gap* 的收敛情况

和船容量在{100，110，120，130}不同取值下算法的求解时间。对于固定的车辆容量，分别求解算例 10 次，得到平均运行时间，图 6-5 展示了不同车辆容量下算法的运行时间变化。

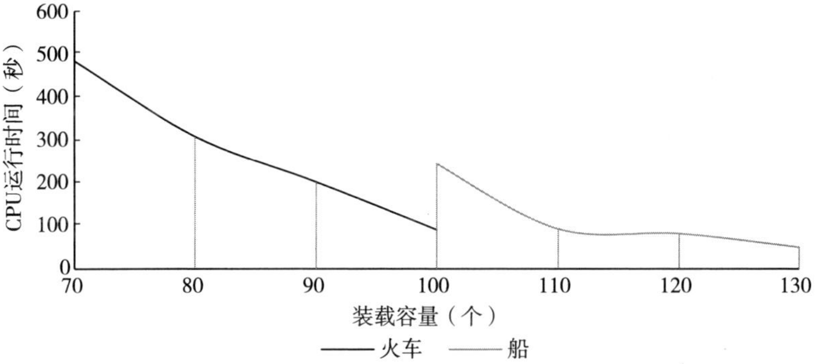

图 6-5 不同火车和船的运行时间变化

通过图 6-5 可以得知，随着运输工具容量的增大，平均 CPU 运行时间会随之下降。这说明随着装载容量逐渐变大，计算难度会有所下降。船的容量发生改变较之火车容量而言，其影响更小，原因是在测试中设定的火车数量为 1，船的数量为 2。

由于采购点之间的价格差可能会导致采购决策的变化，在距离和价格之间企业需要均衡，所以采购点之间的价格差对运行时间和总成本会产生影响。通过敏感度分析实验来分析其影响效果，在价格差取值为｛10，20，30，40，50｝的情况下设计算例，固定的价格差下生成10组算例，记录其平均值。不同价格差下的运行时间和总成本如图6－6所示。

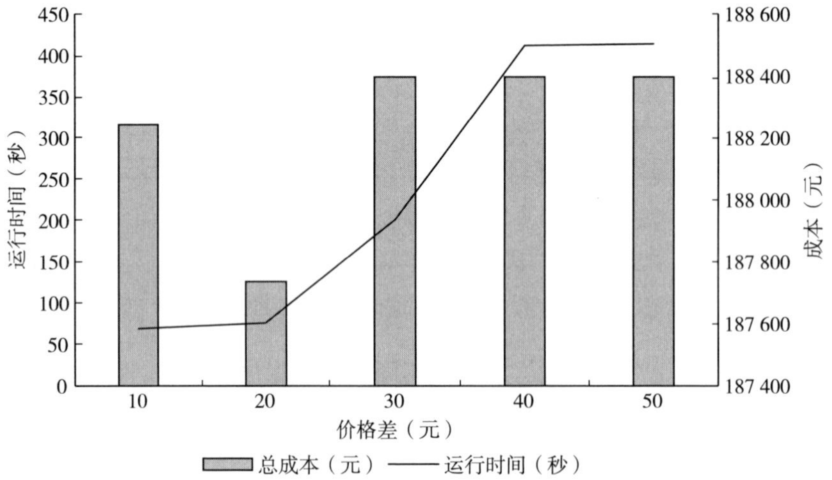

图6－6　不同价格差下的运行时间和总成本

图6－6展示了不同价格差下的运行时间和总成本，通过实验结果可知：

（1）随着价格差的增大，运行时间逐渐变长，求解更加耗时。这是因为价格差变大之后，距离和价格之间需要进行权衡，问题求解就会变得更加困难。

（2）价格差对总成本的影响与预想不同，随着价格差变大，成本先减后增。这是因为价格差变大，仍然可以通过调整采购点的采购量和运输路径进行协同优化，从而达到总成本最小，所以总成本的变化并不大。这也证实了采购与运输协同优化的重要性，只有这样才可以达到最优决策。

第四节　本章小结

本章针对LNG多源采购与罐箱多式联运问题展开研究，应用三角模糊数理论，将问题刻画为模糊价格下LNG多供应点多式联运问题，将其转化为确定性数学规划模型。本书利用拉格朗日松弛算法、次梯度算法、遗传算法等方法设计混合拉格朗日松弛算法进而求解该问题。本书通过数值实验验证混合拉格朗日松弛算法的有效性，研究结果表明：本章提出的混合拉格朗日松弛算法具有良好的收敛性和求解效率，与Cplex求解器相比具有一定的优越性；通过灵敏度分析发现气源点之间的价格差对问题的求解有一定的影响，随着价格差增大，求解难度也会逐渐增加。

第七章 长江经济带LNG采购与路径协同优化案例研究

多源采购决策问题和运输调配问题是LNG销售公司在实际决策中需要考虑的两个关键问题。为此，本书在第四章考虑了从海外采购LNG，并提出了通过海上和陆地两阶段运输到用气点的方案。同时，针对LNG两阶段车辆路径问题构建了混合整数线性规划模型（MILP），设计了分支定价切割算法并精确求解。在第五章和第六章考虑了在天然气交易中心竞价采购LNG液化厂或者接收站的LNG。第五章针对近距离采购模式及用气点在周期范围内的配送需求，构建了LNG多源采购周期性车辆路径问题模型，并设计了混合Benders分解算法求解。而第六章研究了在远距离采购模式下，应用罐箱多式联运模式进行运输，构建了LNG多源采购及多式联运车辆路径问题模型，并设计了混合拉格朗日松弛算法。

在本章中，将上述提到的模型和算法应用到实际中，基于长江经济带多个气源点和用气点的相关数据，对如下问题进行研究和分析：

（1）基于不同采购模式，应用对应的模型和求解算法规划出采购与运输方案，并对一些参数做灵敏度分析，为企业决策提供理论指导。

（2）基于同一组数据，对比分析不同采购模式的优劣，以及采购成本、路径成本的差异，并提出管理启示。

本章首先对长江经济带LNG实际背景进行介绍，然后对以上两个问题展开讨论，最后提出一些有利于企业的管理启示。

第一节 长江经济带LNG建设概况

长江经济带由长江流域周边的11个省份构成，东起上海，西至云南，涵盖上海、江苏、浙江、安徽、湖北、江西、湖南、重庆、四川、云南、贵州。由于其丰富的水域条件，可使用船运输 LNG。江苏、上海和浙江位于沿海地区，并建有 LNG 接收站，以便海外采购的 LNG 在此中转，也可作为 LNG 的采购点。因此，该区域可用于进行三种采购模式的对比实验。接下来介绍长江经济带 LNG 接收站、加注站、液化厂和应急调峰储气库的建设情况。

加注站：目前，我国已基本建成的内河 LNG 加注码头共 16 个，主要分布在长江干线和京杭运河沿线。为加快推动内河水运应用 LNG 作为船舶动力燃料，实现绿色长江、绿色交通，交通运输部在长江干线、京杭运河、西江航运干线规划和部署了 74 个 LNG 加注码头。本章选取了 26 个已建成的 LNG 加注站作为实验对象。

接收站：在长江经济带目前建成的 LNG 沿海接收站有江苏如东接收站、江苏启东接收站、上海洋山港接收站、新奥舟山接收站和宁波北仑接收站，主要分布在江苏、上海和浙江。

液化厂：LNG 液化厂主要分布在新疆、四川、陕西等地，距离长江经济带地区较远。长江经济带建设的液化厂分布在四川、重庆和江苏等地，其中四川和重庆 15 个，云南 5 个，江苏 3 个，湖北 4 个，安徽 3 个。本章选取了重庆涪陵液化厂和湖北黄冈液化厂作为代表进行研究。

应急调峰站：人口密集的综合性大城市用气时段差异大，导致巨大的峰谷差。为满足季度、月度、日和小时调峰需求，部分城市已基本建成了应急调峰储备站，如上海、杭州、南京等。本章通过数据收集从中选取了一些具有代表性的城市的应急调峰站作为实验对象。

从价格来看，由于国际 LNG 价格波动巨大，导致 LNG 的采购存在价格不确定性。本章以 2022 年 7 月的价格为例，根据第三章的分析可知，沿海接收站的价格偏高，基本为每吨 6 500～7 500 元，而液化厂的价格较低为每吨 5 800～6 500 元，那么本章以选取的液化厂和接收站的价格为基准，在每吨 6 000～7 500 元之间进行实验。从海外采购的价格为国际现货离岸价的价格，选取了亚洲 2022 年 7 月的现货离岸价——每吨 5 348 元。

从运输来看，根据高振等（2022）通过分析 LNG 运输工具的经济性得出的单位运输成本可知，槽车的单位运输成本为每吨每千米 0.46 元，大型运输船单位运输成本为每吨每千米 0.032～0.097 元。此外，通过实地调研和经济性分析可知，轮船的单位运输成本是小于槽车的单位运输本，具有一定的经济性。根据文献调研发现轮船的单位运输成本约为槽车的 1/3，因此设定为每吨每千米 0.15 元。

罐箱运输工具是以罐箱为单位计算的，高振等（2022）的经济性分析得出罐箱运输的运输成本系数为每吨每千米 0.41 元，罐箱的容量设为 20 吨。通过文献调研分析，火车和轮船的单位运输成本要低于槽车的单位运输成本，且运输容量更大，适用于在需求量大的场景下使用，计算得到对应的运输费率如表 7－1 所示。

表 7－1　罐箱在不同运输方式下的运输费率

运输方式	火车	槽车	轮船
运输费率［元/（箱×千米）或元/（箱×海里）］	5.5	8.2	4.5

注：1 海里＝1 852 米。

第二节　基于不同采购模式的优化结果

一、海外进口模式下优化方案

在海外进口模式下，将本书第四章提出的分支定价切割算法应用于长江经济带的运输调配。在该案例中，天然气销售公司从马来西亚采购天然气，并将其通过大型 LNG 运输船运输到三个沿海接收站——江苏如东接收站、上海洋山港接收站和宁波北仓接收站，之后通过“槽车＋船”模式将其运送至加气站及长江沿岸加注站。从各个城市选择已建成的加气站共 18 个和内河加注站共 12 个，具体如表 7－2 所示。

根据第三章对需求点的分析，在案例研究中，每个加气站的需求区间为［40，200］吨，而加注站的需求区间为［200，4 000］吨，槽车的容量设为

200 吨，小型运输船的容量设为 7 000 吨，通过计算得到对应的运输成本系数为 130 元/(千米×吨) 和 1 470 元/(千米×吨)。在每个中转点有 1 艘 LNG 轮船和 3 辆槽车可供运输。此外，第一阶段每个储罐的容量 ρ 设置为 9 000，大型运输船的运输成本系数设为 11 760 元/(千米×吨)，每个接收站的最小和最大存储容量设为$\underline{H}_i=\frac{1}{2}\rho$ 和$\overline{H}_i=3\rho$，其他相关参数如前所述。得到的路径成本、气化成本及卸载成本之和为 2 874.54 万元，优化结果如表 7－3 所示。

表 7－2　案例研究中的加气站和加注站

序号	已建成的加气站	序号	内河加注站
1	南京栖霞东阳港华燃气站	1	南京八卦洲站
2	无锡洛社新城新盛路站	2	武汉中长燃白浒山站
3	徐州铜山新区普华能源站	3	上海内河站
4	徐州新沂市万通祥源站	4	徐州双楼港站
5	泰州海陵区江洲南路站	5	徐州邳州站
6	泰州靖江市人民南路站	6	淮安东风站
7	苏州高新区金山路站	7	淮安水上服务区站
8	上海市闵行区顾戴路	8	宿迁骆马湖站
9	宿迁沭阳县杭州东路	9	宿迁泗阳来安站
10	淮安市盱眙县河桥镇站	10	常州金坛水上服务站
11	淮安市清江浦区解放东路站	11	镇江谏壁站
12	常熟市辛庄镇张泾工业园区站	12	盐城大中站
13	宿迁泗阳县淮海中路		
14	南通市如皋市如城镇海阳中路站		
15	盐城东台市站前路		
16	盐城滨海县 204 国道大套路站		
17	宁波港吉码头站		
18	杭徽高速青山湖站		

表 7-3　海外进口 LNG 运输调配的案例优化结果

阶段	接收站	车型	运输路线	运输量（吨）
第一阶段			3—1—2	8 351—8 318—8 283
第二阶段	1	轮船	30—25—24—27—28—29	2 500—1 400—750—600—1 000—500
		槽车	16—4	70—120
			15—11	40—150
			14	160
	2	轮船	21—20—26—23—22—19	300—400—4 000—700—1 300—200
		槽车	12—2	150—40
			10—3—13—9	70—40—20—60
	3	槽车	7—8—6	20—50—80
			17—8	50—40
			18—1—5	60—70—40

注："—"表示顺序。

中转点 1 为江苏如东接收站，中转点 2 和 3 分别是上海洋山港接收站和宁波北仑接收站。通过表 7-3 可以看到第一阶段是由一辆大型 LNG 船舶完成三个接收站的运输，运输路线的途经点分别是马来西亚 LNG 出口港、宁波北仑接收站、江苏如东接收站、上海洋山港接收站、马来西亚，三个接收站的卸载量均为一个储气罐的量（只能按照储罐的数量卸载）。由于阶段性气化的影响，到达接收站的量分别为 8 351 吨、8 318 吨、8 283 吨。在第二阶段中，共用 2 艘轮船和 8 辆槽车完成运输，前两个接收站的轮船完成所有加注站的配送，槽车只需要完成轮船到达不了的加气站配送任务。另外，槽车配送是允许分批配送的，如加气站 8 被两辆槽车访问，点 8 的需求量为 90 吨。在宁波北仑接收站被第一辆槽车配送的量为 50 吨，被第二辆槽车配送的量为 40 吨。

从该案例中可以看出配送完宁波北仑接收站之后还会剩余不少的 LNG，这与国际海运中租用 LNG 运输船的储罐大小有一定的关系，因为装卸只能以储罐为单位进行操作，所以企业在决策之前需要提前根据需求量评估使用多大的 LNG 运输船进行运输。

二、内陆近距离采购模式下优化方案

当需求点位于采购点同一地区或其相距较近，特别是当需求点有日度配送（每日一送）或周度配送的需求时，可通过第五章提出的混合 Benders 分解算法进行求解。在本案例研究中，需求点选取了长江经济带的 10 个用气点，分别是 5 个应急调峰站和 5 个内河加注站（表 7－4）。由于考虑到该研究适用于 LNG 近距离采购的周期性配送调度问题，所以选取了三个距离需求点较近的采购点，有两个沿海接收站——江苏如东接收站和新奥舟山接收站，以及一个液化工厂——湖北黄冈液化工厂。

表 7－4 选取的应急调峰站与内河接收站

序号	应急调峰站	序号	内河加注站
1	杭州西部站	1	芜湖滨江站
2	杭州东部站	2	南京八卦洲站
3	安徽合肥北城站	3	徐州双楼站
4	江苏南京江宁站	4	常州金坛水上站
5	江苏无锡站	5	镇江谏壁站

LNG 的价格根据目前天然气市场价，在区间［6 000，7 500］（单位：元/吨）内波动，置信水平 $\alpha=0.5$，需求是指随机选取均匀分布在［40，200］吨内的数值。在运输上，槽车的容量为 200 吨，轮船的容量为 1 000 吨，现利用 4 辆槽车和 2 艘轮船执行运输。由于价格差对采购和运输方案有一定的影响，为了分析不同价格差下的调度方案，分别对每个采购点价格差距为每吨 50 元和每吨 500 元进行实验。

通过 Benders 分解算法得到该算例在价格差为每吨 50 元时的最优值为 1 484.55 万元，并给出对应的运输方案和采购方案。对应的运输路线和运输量如表 7－5 所示。其中，气源点 1 表示江苏如东接收站，气源点 2 和 3 分别表示新奥舟山接收站和湖北黄冈液化厂，最优的采购方案是在江苏如东接收站采购 930 吨，在新奥舟山接收站采购 340 吨，在湖北黄冈液化厂采购量为 980 吨。表中的 T 表示周期，S 为采购点，M 为运输方式，第四列和第五列分别是每辆槽车或轮船的运输路线和在每个点的卸货量。

通过观察优化方案可以发现，当气源点之间的价格差较小时，在三个气源点的采购量较为均衡，槽车和轮船的使用也比较均衡，但由于轮船的运输量远低于容量，其经济性很难体现。

表 7－5　内陆近距离采购下案例在价格差为每吨 50 元时对应的运输方案

T	S	M	运输路线	运输量（吨）
0	1	轮船	10—7	160—120
		槽车	1—5	150—40
	2	槽车	2—3	70—100
	3	轮船	9—8—6	200—130—80
		槽车	4	130
1	1	轮船	10—7	70—200
		槽车	5—1	70—120
	2	槽车	2—3	130—40
		轮船	6—9	80—120
	3	槽车	8	150
			4	90

注：“—”表示顺序。

表 7－6 是采购点之间价格差距为每吨 500 元的优化结果，通过算法得到算例的总成本为 1 483.21 万元，得到的采购方案是在江苏如东接收站采购 210 吨，新奥舟山接收站采购 180 吨，湖北黄冈液化厂采购量 2 200 吨。这时液化厂的采购量远超其他两个接收站的量，这是因为液化厂的价格远低于接收站的价格。得到的总成本与价格差为每吨 50 元时的总成本几乎一样，因此决策者在同时考虑采购和运输时，可以通过调整采购和运输方案来应对差异化的价格。

表 7－6　内陆近距离采购下案例在价格差为每吨 500 元时对应的运输方案

T	S	M	运输路线	运输量（吨）
0	1	槽车	1	170
	2	轮船	9	80

（续）

T	S	M	运输路线	运输量（吨）
0	3	轮船	10—7—6—8	400—270—90—200
		槽车	4	190
			3	40
			5	170
			2	170
1	1	槽车	1	40
	2	轮船	9	100
	3	轮船	3—6—7	140—20—40
		槽车	4	190
			5—8	110—60
			2	110

注："—"表示顺序。

考虑采购价格的置信水平 α 对总成本的影响，通过敏感性分析，研究在不同置信水平 α 下总成本的变化，该算例在不同置信水平 α 下的总花费成本如表 7-7 所示。

表 7-7　不同置信水平 α 取值下 LNG 内陆近距离采购的总花费成本

α 取值	0	0.1	0.2	0.3	0.4	0.5
总花费成本（万元）	1 175.45	1 228.99	1 292.21	1 357.57	1 414.68	1 484.55
α 取值	0.6	0.7	0.8	0.9	1.0	
总花费成本（万元）	1 537.17	1 591.80	1 657.71	1 719.46	1 775.48	

在相同情况下，随着置信水平 α 的不断增加，总花费成本也会不断增加，这是因为随着在竞价中成功购到 LNG 的可信度越高，对应的总花费成本也会升高。当 α 取值为 0 时，能够采购到 LNG 的可信度为 0，也就是采购不到的风险为 100%。当 α 取值为 1 时，采购不到 LNG 的风险为 0。那么在实际采购前，企业应结合数据评估，选择合适的置信水平 α，既满足需求，又可以避免不必要的运力和采购成本，为最优决策提供支撑。

三、内陆远距离采购模式下优化方案

当需求点量较大时，且在附近采购点无法满足需求或者价格较高的情况下，需要通过罐箱多式联运的模式进行远距离采购。以长江经济带的LNG应急调峰站和内河加注站为研究对象，选取两个沿海加注站和一个LNG液化厂作为采购点，分别是江苏如东接收站、深圳大鹏接收站和重庆涪陵液化厂，并收集到10个LNG应急调峰站和16个内河加注站作为需求点，如表7-8所示。

表7-8　内陆远距离采购选取的需求点

序号	应急调峰站	序号	内河加注站
1	杭州西部站	1	江阴中天站
2	杭州东部站	2	芜湖滨江站
3	湖南长沙星沙站	3	岳阳君山站
4	湖北武汉安山站	4	九江湖口站
5	安徽合肥北城站	5	南京八卦洲站
6	江苏南京江宁站	6	武汉白浒山站
7	江苏无锡站	7	上海宝山罗泾站
8	江苏苏州站	8	徐州双楼站
9	浙江绍兴站	9	徐州邳州站
10	上海浦东新区站	10	淮安东风站
		11	淮安水上服务站
		12	宿迁骆马湖站
		13	宿迁泗阳来安站
		14	常州金坛水上站
		15	镇江谏壁站
		16	盐城大中站

根据天然气交易平台数据可知，液化厂价格通常低于沿海接收站价格，为此设定液化厂每吨价格低于接收站每吨价格500～1 000元。需求采用罐箱为单位，随机均匀分布在[5，50]内，火车的容量为100罐/车，轮船的

容量为 120 罐/船，速度分别为 40 千米/小时和 35 千米/小时，现有两辆火车和三艘轮船执行运输。

通过混合拉格朗日松弛算法得到该算例最优解为 7 505.46 万元，对应的运输方案和采购方案如表 7-9 所示。气源点 1 为重庆涪陵液化厂，气源点 2 和 3 分别是深圳大鹏接收站和江苏如东接收站，第一列括号内的数值表示在该气源点的采购量，运输顺序是气源点访问中转点的顺序，如运输顺序的第一行，在气源点 1，需求点（6，3，4，8）被选为中转点，那么火车的访问顺序为 0—6—3—0，中转点的卸货量依次为 50 吨、50 吨；运输顺序的第二行的访问顺序为 0—4—8—0，中转点的卸货量为 35 吨、65 吨；在第五列中，中转点 6 需要给需求点 2 配送，同理，中转点 8 需要给需求点 17 和 10 配送。在该结果中，由于液化厂的价格低于沿海接收站的价格，尽管液化厂距离较远，但在液化厂进行采购的采购量仍较多。

表 7-9　内陆远距离采购中案例对应的罐箱多式联运的运输方案

气源点［采购量（吨）］	运输顺序	中转点	卸载量（吨）	需要配送的需求点
1（200）	6—3	6	50	{2}
		3	50	/
	4—8	4	35	{13}
		8	65	{17，10}
2（240）	14	14	120	{1，9，12}
	16—21—20	16	65	{25，23}
		21	35	{26}
		20	20	{5}
3（120）	24—18—11	24	30	{7}
		18	60	{19，22}
		11	30	{15}

注：①中转点 3 没有需要配送的需求点，用“/”表示。②“—”表示顺序。

为了对比罐箱多式联运与传统槽车运输的优劣，利用 Cplex 求解槽车运输下的采购及运输方案，得到的总成本为 8 190.86 万元，比多式联运的总花费成本高出了 9.13%，运输方案如表 7-10 所示。

表 7-10　内陆远距离采购中案例对应的槽车的运输方案

气源点［采购量（吨）］	需求点
1（115）	{4，5，13，14，16}
2（20）	{3}
3（425）	{1，2，6，7，8，9，10，11，12，15，17，18，19，20，21，22，23，24，25，26}

在该案例中，设定的江苏如东接收站的价格高于其他两个供气点的价格。在传统槽车配送时，尽管重庆涪陵液化厂和深圳大鹏接收站的价格低，但槽车运输成本高，因此还是会选择就近的点采购。而罐箱多式联运在远距离配送中是非常节省成本的运输方式，因此在多式联运最优配送方案中，会选择较远的距离进行采购。在现实中，这种情况也是常见的，液化厂价格通常低于沿海接收站的价格，而且部分接收站的供应量有限，不能满足周围应急调峰站的需求，这就需要应用罐箱多式联运的方式到较远且价格较低的供气点采购 LNG。

此外，通过改变置信水平 α 的取值，计算在该问题中 LNG 罐箱多式联运的采购及运输成本。具体计算结果如表 7-11 所示。

表 7-11　不同置信水平 α 取值下 LNG 内陆远距离采购的总花费成本

α 取值	0	0.1	0.2	0.3	0.4	0.5
总花费成本（万元）	6 948.74	7 060.25	7 172.34	7 284.38	7 396.35	7 505.46
α 取值	0.6	0.7	0.8	0.9	1.0	
总花费成本（万元）	7 620.95	7 732.35	7 844.93	7 956.65	8 068.35	

通过实验结果发现，随着置信水平 α 增加，总花费成本也会增加，这与上一节中的结论是一致的。这是因为当价格的置信水平 α 越高时，竞价采购到 LNG 的概率也会增加，那么企业在竞价采购之前需要对以往的价格数据进行评估，选取合适的置信水平进行规划，使得最终决策是最优的。

第三节 不同采购模式的优化方案对比分析

当企业无法确定选择哪种采购模式时，并且也没有数据表明哪种采购模式具有明显的优势，那么他们既可以选择海外进口，也可以选择在天然气交易中心进行采购。在这种情况下，需要对不同采购模式进行对比分析，选择最经济的方式进行采购。为此本节基于长江经济带的数据构建了一个案例，针对需求量小和大两种情景，对比分析不同采购模式的经济性。

一、考虑需求量较小的优化结果分析

假设企业可以选择在马来西亚进口，在上海洋山港接收站、江苏如东接收站和新奥舟山接收站中转，也可以选择在交易中心采购江苏如东接收站、新奥舟山接收站和湖北黄冈液化厂的 LNG。在本案例中，选取了长江经济带的 20 个用气点，分别包含 10 个应急调峰站和 10 个内河加注站（表 7 - 12）。通过本书提出的三种模型和算法为企业进行优化和对比分析。

表 7 - 12 选取的应急调峰站与内河接收站

序号	应急调峰站	序号	内河加注站
1	杭州西部站	1	江阴中天港
2	杭州东部站	2	芜湖滨江港
3	湖北武汉安山站	3	九江湖口港
4	湖南长沙星沙站	4	南京八卦洲港
5	安徽合肥北城站	5	上海宝山罗泾港
6	江苏南京江宁站	6	徐州双楼站
7	江苏无锡站	7	淮安水上服务站
8	江苏苏州站	8	宿迁骆马湖站
9	浙江绍兴站	9	常州金坛水上站
10	上海浦东新区站	10	镇江高桥港

在本案例研究中，如本章第一节所述，LNG 的价格波动区间为 [6 000，7 500]（单位：元/吨）。设定液化厂的每吨价格比接收站的每吨价

格低 150 元。需求是指随机选取均匀分布在［40，200］（单位：吨）内的数值（以吨为单位）。槽车的容量为 200 吨/车，火车的容量为 600 吨/车，轮船的容量为 1 000 吨/船。罐箱运输工具的容量换算以罐箱为单位，速度分别为 60 千米/小时、40 千米/小时和 30 千米/小时。气源点与需求点以及需求点之间的距离使用实际的距离，运输时间是距离与速度的比值。

假设企业从马来西亚进口 LNG，从海外运输到接收站是通过大型 LNG 运输船运输的，LNG 运输船的储罐容量为 600 吨，在上海洋山港接收站（中转点 1）、江苏如东接收站（中转点 2）和新奥舟山接收站（中转点 3）中转。通过本书提出的分支定价切割算法得到了该算例最优运输成本为 551.63 万元，采购成本为 854.64 万元，总成本为 1 406.27 万元，并给出了对应的运输方案和采购方案（表 7－13）。由于需求量较少，从海外运输需要花费大量的成本而且是不经济的。在最优方案的内陆运输中，大部分均采用槽车运输，这是因为需求量较少，所以轮船的经济性无法发挥。

表 7－13　马来西亚进口 LNG 的案例优化结果

阶段	接收站	车型	运输路线	运输量（吨）
第一阶段			3—1—2	536—533—529
第二阶段	1	轮船	19—12—14—11	200—150—160—150
		槽车	9—2—1—15	60—40—70—21
			10—15—8	70—39—90
	2	槽车	20—5—3—13—7	40—40—40—20—20
	3	槽车	16—4	70—120
			17—6—18	50—80—60

注：“—”表示顺序。

假如企业考虑在交易中心竞价采购湖北黄冈液化厂（气源点 1）、江苏如东接收站（气源点 2）和新奥舟山接收站（气源点 3）的 LNG，由于考虑的是单周期的需求，既可以应用第五章的混合 Benders 分解算法也可以用第六章的混合拉格朗日松弛算法求解，应用混合 Benders 分解算法求解得到的总成本为 1 085.25 万元，其中，采购成本为 1 078.65 万元，运输成本为

6.6 万元，在表 7-14 的第二列括号中的数字表示在该气源点的采购量，优化结果如表 7-14 所示。

表 7-14 在交易中心采购 LNG 的案例优化结果

T	气源点［采购量（吨）］	M	运输路线	运输量（吨）
0	1（1 230）	轮船	11—19—12—14—20	150—200—150—160—40
		槽车	1—2—9	70—40—60
			8—7—16	90—20—70
			17—18—10	50—60—70
	2（180）	槽车	15—6—5	60—80—40
	3（180）	槽车	13—3—4	20—40—120

注："—"表示顺序。

在应用混合拉格朗日松弛算法求解时，将需求量转换为以罐或箱为单位进行求解，得到的解为 1 290.44 万元，采购成本为 1 242 万元，运输成本为 48.44 万元。采购和运输方案如表 7-15 所示，在黄冈液化厂采购的量为 43 箱，通过火车运输到中转点 5，然后通过槽车完成剩余需求点的配送。同样地，在江苏如东接收站采购了 37 箱，通过轮船运输到中转点 11，然后通过槽车完成剩余需求点的配送。

表 7-15 在交易中心采购 LNG 通过罐箱多式联运的案例优化结果

气源点［采购量（箱）］	中转点	需要配送的需求点
1（43）	5	{4，17，18，14，3，13，6，1，16，12}
2（37）	11	{20，2，9，15，19，10，7，8}

通过上述三种优化方案的结果对比（图 7-1）可知：

（1）所有优化方案的总成本呈现：近距离采购＜远距离采购＜海外进口。在交易中心采购，并通过"槽车＋船"的运输模式是最经济的，这是因为需求量少，罐箱多式联运无法发挥其经济性。

（2）在需求量较少的情况下，海外进口 LNG 是没有必要的，因为海上运输距离长，使其运输成本较高，轮船在运输量少的情况下也无法发挥其经济性。

（3）通过表 7－14 和 7－15 可以看出，具有价格优势的是湖北黄冈液化厂（气源点 1）。在该点的采购量较其他两个点更多，这是因为在该案例中湖北黄冈液化厂距离需求点并不远，所以价格具有绝对优势。

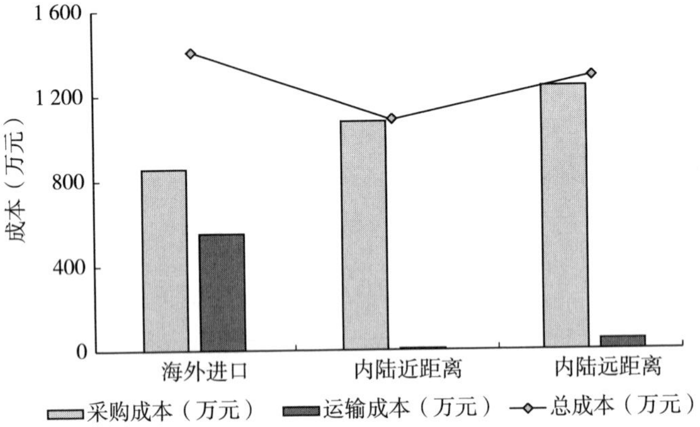

图 7－1　三种优化方案的结果对比

二、考虑需求量较大的优化结果分析

在考虑需求量较大的案例中，需求点的选取与本章第二节一致。而加气站和加注站的需求量有所不同，加气站的需求量是指随机选取均匀分布在［40，200］吨内的数值；加注站的需求量较大，是指随机选取均匀分布在［1 500，3 000］吨内的数值。随着需求量的增加，内陆运输的轮船容量也更换为 7 000 吨的容量。此外，为了对比分析远距离采购的运输，在交易中心采购的 LNG 液化厂换成重庆涪陵液化厂，且该液化厂的每吨价格比接收站的每吨价格低 500 元。

通过进口马来西亚的 LNG，从海外运输到接收站是通过大型 LNG 运输船运输的，每个储罐的容量为 7 000 吨。通过分支定价切割算法得到的运输花费为 2 924.47 万元，通过计算得到采购价格为 10 283.1 万元，总成本为 13 207.57 万元。对应的运输方案如表 7－16 所示。

在最优运输方案中每个接收站的分配较均衡，都是由一辆槽车和一艘轮船负责运输，轮船负责运输需求量较大的加注站，这也说明在需求量较大的情况下，轮船的经济性才能得以发挥。

表 7-16 需求量较大的案例中马来西亚进口 LNG 的优化结果

阶段	加注站	车型	运输路线	运输量（吨）
第一阶段			3—1—2	6 441—6 408—6 379
第二阶段	1	轮船	15—11—20	3 000—1 500—2 000
		槽车	9—2—1	60—40—70
			10	70
	2	轮船	19—12—13	2 000—1 500—2 000
		槽车	8—7—6—5	90—20—80—2
	3	轮船	17—18—16—14	1 500—1 600—1 700—1 600
		槽车	4—3—5	120—40—38

注："—"表示顺序。

通过交易中心采购重庆涪陵液化厂（气源点 1）、江苏如东接收站（气源点 2）和新奥舟山接收站（气源点 3）的 LNG。利用混合 Benders 分解算法求解得到最优结果。最优方案如表 7-17 所示，得到的总成本为 13 891.39 万元，其中采购成本为 13 453.75 万元，运输成本为 437.64 万元，可见在国内运输成本较之于海外运输成本更低，但采购成本受价格影响相对更大。在每个点的采购量相对均衡，从运输的角度观察发现，需求量大的点均由船配送，这也说明船的经济性在需求量大时得以体现。

表 7-17 需求量较大的案例中交易中心采购 LNG 的优化结果

T	气源点［采购量（吨）］	M	运输路线	运输量（吨）
0	1（6 860）	轮船	13—12—16—11	2 000—1 500—1 700—1 500
		槽车	4—3	120—40
	2（7 070）	轮船	20—14—15	2 000—1 600—3 000
		槽车	7—1—2—9	20—70—40—60
			8—10	90—70
			6—5	80—40
	3（5 100）	槽车	17—18—19	1 500—1 600—2 000

注："—"表示顺序。

同样在交易中心采购，但利用罐箱多式联运进行运输时，由于需求量增加，火车和轮船的容量需要增大，分别设置为每车 100 箱和每船 150 箱，相应的运输成本系数根据运输量也需进行更改。

通过混合拉格朗日松弛算法得到案例的总成本为 13 252.88 万元，其中采购成本为 13 002.00 万元，运输成本为 250.88 万元。具体的运输方案如表 7－18 所示，液化厂的采购量（802 箱）远大于接收站的采购量（150 箱），这是因为液化厂价格低，通过罐箱多式联运的方式运输可以有利地发挥其价格优势。

表 7－18　需求量较大的案例中交易中心采购 LNG 和罐箱多式联运的优化结果

气源点 [采购量（箱）]	运输路线	中转点	卸载量 （吨）	需要配送的需求点
1（802）	1—11	7	14	{2，10，8}
		11	75	/
	12	12	77	{5}
	13	13	100	/
	6—14	6	16	{3，4，7，9}
		14	80	/
	16	16	85	/
	17	17	75	/
	18	18	80	/
	19	19	100	/
	20	20	100	/
3（150）	15	15	150	/

注：①“/”表示没有需要配送的需求点。
②“—”表示顺序。

通过观察三种采购模式的优化结果（图 7－2）可以发现：

（1）三种方案的总成本呈现：海外进口＜远距离采购＜近距离采购，而三种方案的运输成本呈现：近距离采购＜远距离采购＜海外进口。尽管海外进口需要进行两阶段的运输，运输成本高，但采购成本低使得该模式总成本是最低的。

（2）在内陆采购下，采用不同的运输模式，采购量会发生很大的变化，如表 7－17 和 7－18 所示。在“槽车＋船”的运输下，每个采购点的采购量较为均衡，液化厂价格虽然较低，但价格优势表现得并不是很明显；在罐箱多式联运下，由于运输的单位成本降低，液化厂的价格优势才得以发挥，大部分采购均在液化厂进行。

（3）在“槽车＋船”的运输模式下，较之需求量小的情景，轮船的使用数量更多，轮船在运输量大的情况下才能发挥其经济性。三种方案的运输成本中，罐箱多式联运的运输成本最低，在需求量大时罐箱多式联运更具有优势。

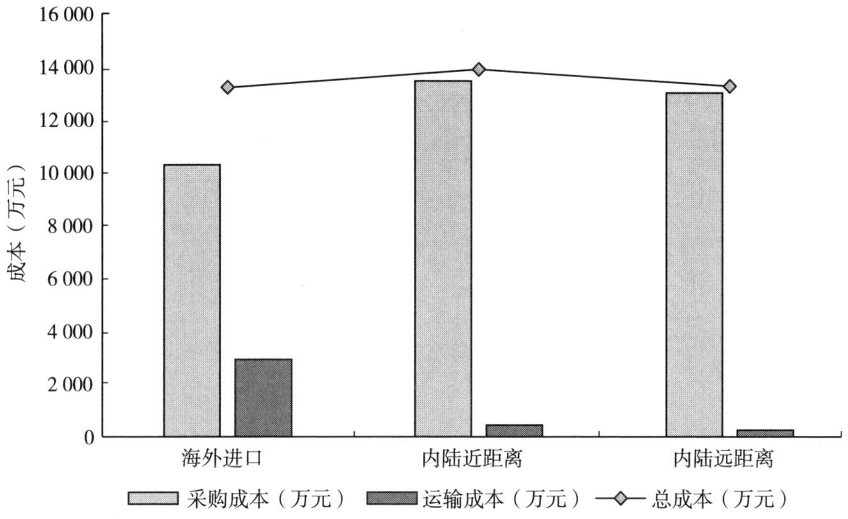

图 7－2　考虑需求量大时三种优化方案的结果对比

第四节　本章小结

本章以长江经济带 LNG 运输调配问题为例进行案例研究，根据实际调研和文献调研获得价格、运输单位成本等数据。

第一，针对不同采购模式进行优化和灵敏度分析，结果发现：在海外进口 LNG，由于海上 LNG 运输船是根据储罐数量进行装卸的，其容量的选取非常重要，否则会造成采购量过剩；在内陆采购中，采购点的价格差对运输方案和运输成本有直接影响，这也验证了将采购决策引入运输优化问题的必要性；罐箱多式联运较之槽车运输更具经济性；随着采购价格的置信水平 α 升高，采购成本亦会随之增加，企业需要提前做好数据评估，选择合适的置信水平 α 进行规划，使得决策最优。

第二，本章对不同采购模式进行了对比分析，分别考虑了不同需求量下三种采购模式的经济性，通过优化结果可知：在需求量小时，罐箱多式联运的经济性无法体现，因此直接通过槽车进行近距离采购是最优的采购模式，企业可根据实际情况就近选择气源点采购；在需求量大且价格差距明显时，海外进口的总成本最低，远距离通过罐箱多式联运运输成本次之，但在三种采购模式中海外进口的运输成本最高，企业应在海外 LNG 价格具有明显优势时选择该采购模式；此外，罐箱多式联运和运输船的经济性在需求量大的情况下才能得以体现，因此企业有必要根据不同需求量选择对应的运输工具。

第八章 结论与展望

第一节 研究结论

LNG 作为清洁低碳、应急调峰的重要战略资源，具有运输灵活、宜储宜运等优点，但目前我国 LNG 存在供需不平衡、运输能效低等问题。加之我国启动了天然气市场化改革，未来将逐渐形成上游多主体参与的竞争性市场，LNG 销售公司亟需构建一套系统的采购及车辆运输体系来提升企业的核心竞争力。基于此，本书从 LNG 销售公司视角出发，考虑了海外采购和内陆采购两种模式。在海外采购模式下，研究了 LNG 海上和内陆两阶段运输路径问题；在内陆采购模式下，企业可在天然气交易平台竞价采购，基于模糊价格分别考虑了近距离多源采购的周期性运输路径问题和远距离多源采购多式联运的运输路径问题。通过对以上问题的模型建立和算法设计为 LNG 销售公司提出了一套降本增效的优化方法。

综上所述，本书的主要内容及主要结论如下：

（1）为 LNG 海陆两阶段车辆路径问题构建了数学模型，并提出了分支定价切割算法求解。首先，针对 LNG 海上和内陆两阶段的运输路径特征，构建了两阶段异构车队、分批配送以及具有阶段性气化影响的车辆路径模型。然后，基于分支定界的框架嵌入了列生成算法和有效不等式，构成了分支定价切割算法，在列生成算法中，开发了禁忌搜索算法和标签算法近似地和精确地求解定价子问题。此外，应用了强分支策略选择更优的变量分支。最后，采用公开测试两阶段的数据集验证算法的效率和分析算法组成部分的效果，以及两阶段联合优化和分开优化的差异。结果表明：①所提出的算法性能良好，可在3小时以内求解50个加气站的算例，且上下界的百分比差距在3%以内；②提出的有效不等式对算法求解性能有一定的提升作用，且k-路切效果最佳，容量切次之，子集行切最次；③两阶段联合优化较之单阶段优化而言虽然其计算时间较长，但在气源点多的情况下能明显地降低成本。

（2）基于三角模糊数理论，构建了LNG多源采购周期性车辆路径模型，设计了混合Benders求解算法。首先，利用三角模糊数刻画了LNG的采购价格，并根据问题特征构建了具有多源采购决策和周期性路径优化的数学模型。其次，设计了混合Benders算法，该算法采用遗传算法获得优质初始解，在分支定界框架下引入Benders分解算法求解每个分支的松弛线性主问题，再应用In-out benders切和切管理策略提升算法效率。最后，通过应用基于实际背景随机生成的数据集来检验算法的有效性和分析算法组成部分的效果。研究结果表明：混合Benders分解算法的求解效率优于Cplex的求解效率，可以在4小时内求解2个气源点20个加气站5个周期的算例，并且切管理、In-out benders切等策略对算法有一定的提升作用。

（3）基于三角模糊数理论，构建了LNG多源采购及罐箱多式联运的运输路径模型，开发了混合拉格朗日松弛算法求解。首先，在第五章的基础上针对远距离配送场景考虑了罐箱多式联运的运输方式，利用三角模糊数刻画了模糊价格，根据问题的特征构建了具有多源采购及罐箱多式联运的优化模型。其次，设计了混合拉格朗日松弛算法，该算法通过遗传算法获得优质初始解，再利用次梯度算法求解松弛模型并获得松弛解，同时应用遗传算法改进得到可行整数解。最后，应用公开测试MDVRP的数据集验证了算法的性能。结果表明：该算法比Cplex求解效果好，且具有良好的收敛性，在3个小时内可以求解50个加气站的算例，且上下界的百分比差距在5%以内；混合拉格朗日松弛算法的求解时间比遗传算法的长，但其差值较小，可以获得更优质的解。

（4）基于以上提出的三个模型和算法，本书以中国长江经济带的部分LNG加气站作为实验对象，为其设计了采购和运输方案。通过算法求解和灵敏度分析的结果发现：①对气源点之间不同价格差下的优化方案进行对比分析得知，价格差对采购和运输方案有直接影响，因此企业应将采购与运输进行协同优化才能使决策达到整体最优；②对模糊价格在不同置信水平下的成本进行分析发现，置信水平越高，成本也会越大，企业应结合以往价格的数据评估，选择合适的置信水平，以便作出最优决策。对比不同采购模式的优化结果发现：①海外进口模式运输成本较高，其适用于海外采购价格低于内陆采购价格且具有一定差距的场景。②运输工具适用于不同场景，需求量少时可选用容量较小的槽车；需求量大时，运输船和罐箱多式联运都具有一定的经济性，企业可根据实际场景作出合理决策。③罐箱多式联运的运输成本较之传统槽车的运输成本更低，罐箱多式联运可以消除距离对采购意愿的影响，有效发挥偏远气源点的价格优势。

基于上述研究结论，本节为集采购、运输和销售为一体的天然气销售企业的决策者以及推动天然气市场化改革的政策制定者提出管理启示。

针对天然气销售企业的决策者，本书从采购模式选择、运输工具选择和采购价格评估等方面提出如下管理启示：

（1）海外进口模式和内陆多源采购模式适用的情景是不同的，企业应结合实际需求和区域环境进行采购决策。在海外进口模式中，海上大型 LNG 船的运输成本高，因此适用于国际 LNG 价格远低于内陆 LNG 价格且需求大的场景，尤其适用于华东、华南地区的储气调峰。而在内陆多源采购模式下，我国 LNG 液化厂和接收站的价格存在较大差异，LNG 液化厂主要分布在新疆、四川、陕西等地区，接收站基本分布在沿海地区。因此，内陆多源采购模式适用于距离这些气源点较近的地区且有日度或周度配送需求的客户，如华南地区加气站的配送。进一步看，当区域内没有气源点，或者附近气源点价格较高时，可以考虑内陆远距离多源采购模式，如华中地区的燃气企业可以到新疆、川渝气源点采购低价气。此外，当企业面临其他场景时，如附近有气源点但价格高于偏远气源点的价格，而偏远气源点距离又很远，就需要协同采购和运输路径进行优化，通过对比不同采购模式下的成本进行最优决策。

（2）不同运输工具适用的场景也各有差异，企业应灵活运用和探索新的运输模式。由于容量限制，槽车适用于需求量少和需要日度配送的用气点，如加气站。尽管LNG运输船较之槽车运输具有运输量更大且更具经济性的优势，但受限于水资源，它仅适用于河域附近的内河加注站。“槽车＋船”的运输方式有效地结合槽车和LNG运输船的优势，能够满足更为多样化的配送需求。鉴于罐箱多式联运在长距离运输中的优势，罐箱多式联运适用于大型储气调峰库在气价低谷时进行远距离购气来完成调峰储气的情景。

（3）根据市场价格提前做好评估，选择合适的置信水平进行优化。采购价格的置信水平增加，竞价中成交的概率也会随之增加，但也会导致采购成本的升高。当企业在天然气交易中心竞价之前，应当提前对数据进行评估，选择合适的置信水平进行优化，使其在竞价中能够以最优价格成交。

针对推动天然气市场化改革的政策制定者，本书从LNG不同价格、采购模式和运输方式等可能产生的影响出发，提出如下政策启示：

（1）为保障能源安全，在价格低峰时，应引导企业通过液态分销的模式储备LNG。受“双碳”目标的影响，天然气的需求日益旺盛，进口LNG又是补充需求缺口的主要方式。国际上LNG的现货价格波动剧烈，为保障国家能源安全，在价格低峰时，应引导企业通过液态分销的模式储备LNG。如加快落实LNG接收站窗口期的分配规则，优先为储气运营企业提供开放服务。这样可以使得内陆的储气站在储气调峰上得到充分利用。与此同时，企业因其可以从中获益，参与上游采购的积极性也得到加强。

（2）积极推广“槽车＋船”和罐箱多式联运这两种运输模式的使用。“槽车＋船”和罐箱多式联运在LNG的运输上可以有效降低运输成本。此外，罐箱多式联运还打破了南气北运的运输瓶颈，使得LNG远距离运输成为可能。在运输上应为企业开通绿色通道，为船和火车运输LNG提供便利，让偏远气源点也能参与天然气交易市场，从而有效释放市场活力。

（3）根据区域资源条件制定对应的天然气改革策略。不同场景适用于不同采购模式和运输方式，不同省份或者城市其气源供应结构和市场需求又不尽相同，因此应根据区域资源条件制定对应的政策。譬如，浙江、广东有充足的气源点，能够向邻省和内陆运输LNG，那么可以在这些区域建立虚拟交易枢纽，制定具有法律效应的运营法则，形成区域内的天然气批发市场。

第二节 未来展望

尽管本书对 LNG 的采购和运输路径优化做了一系列系统的研究，即基于海外采购和内陆采购不同模式，讨论了 LNG 两阶段车辆路径问题、多源采购周期性车辆路径问题、多源采购及罐箱多式联运车辆路径问题。但仍然有一些需要进一步研究的问题，具体有以下两点：

（1）考虑其他现实的因素，如时间窗、开放型多供应点和不确定性因素。在本书虽然考虑了很多实际运输的因素，但缺乏一些更细节的考虑，如时间窗。用户可能从多个气源点购气，为了避免到站等待，因此需要考虑在规定的时间区间卸货。在本书多源采购的问题中，假定车辆配送完需要返回起始点，那么这一限制在一些情况下可以将其松弛掉。另外还存在一些不确定因素，如旅行时间、需求等。

（2）考虑动态需求下的响应优化方法。LNG 在能源供应中也是重要的补充能源。在需求高峰时，尤其在面对其他能源供应困难或出现恶劣天气等情形时，常常需要利用 LNG 来为有应急要求的用户供应，那么如何对这些动态需求做到及时响应也是未来非常值得研究的重要方向。

参　考　文　献

蔡婉君，王晨宇，于滨，等，2014. 改进蚁群算法优化周期性车辆路径问题［J］. 运筹与管理，23（5）：70－77.

程兴群，金淳，姚庆国，等，2021. 碳交易政策下多式联运路径选择问题的鲁棒优化研究［J］. 中国管理科学，29（6）：82－90.

代雯强，杨珩，2019. 内河LNG加注需求及加注站布局选址［J］. 水运管理，41（4）：13－16.

范厚明，刘鹏程，刘浩，等，2021. 多中心联合配送模式下集货需求随机的VRPSDP问题［J］. 自动化学报，47（7）：1646－1660.

范厚明，张轩，任晓雪，等，2021. 多中心开放且需求可拆分的VRPSDP问题优化［J］. 系统工程理论与实践，41（6）：1521－1534.

符卓，刘文，邱萌，2017. 带软时间窗的需求依订单拆分车辆路径问题及其禁忌搜索算法［J］. 中国管理科学，25（5）：78－86.

高振，常心洁，赵思思，等，2022. 液化天然气罐箱门到门供应和液态分销经济性分析［J］. 国际石油经济，30（5）：66－73.

胡乔宇，杨琨，刘冉，2018. 考虑随机客户需求的两级车辆路径问题研究［J］. 工业工程与管理，23（5）：74－81.

黄粲，2017. 基于Spark的取送货车辆路径问题的高效算法研究［D］. 厦门：厦门大学.

李阳，范厚明，张晓楠，等，2017. 随机需求车辆路径问题及混合变邻域分散搜索算法求解［J］. 控制理论与应用，34（12）：1594－1604.

刘茜，2020. 生鲜农产品社区团购定价与车辆配送路径协同优化［D］. 昆明：昆明理工大学.

罗炜昊，2019. 考虑缺货惩罚和库存成本的多商品周期性车辆路径问题研究［D］. 北京：清华大学.

彭勇，殷树才，2014. 时变单车路径优化模型及动态规划算法［J］. 运筹与管理，23（2）：158－162.

綦潘安，计明军，冯泽，等，2022. 考虑多任务集装箱多式联运路径优化方案研究［J］. 工业工程与管理，27（3）：1-17.

石建力，张锦，2018. 粒子群算法求解需求随机的分批配送 VRP［J］. 计算机工程与应用，54（21）：230-239.

王道平，李建立，郭继东，2014. 低碳型城市物流配送双层次网络设计［J］. 北京理工大学学报（社会科学版），16（1）：7-11.

王颂博，胡蓉，钱斌，等，2022. 改进蚁群算法求解绿色周期性车辆路径问题［J］. 控制工程，29（9）：1546-1556.

王勇，张杰，刘永，等，2022. 基于资源共享和温度控制的生鲜商品多中心车辆路径优化问题［J］. 中国管理科学，30（11）：272-285.

魏明，陈学武，孙博，2015. 公交加气站选址布局优化模型和算法［J］. 交通运输系统工程与信息，15（3）：160-165.

魏占阳，邬炼，张佳伟，等，2015. 基于自适应大规模邻域搜索算法的两级车辆路径问题［J］. 物流科技，38（8）：4-7.

吴小凤，2020. 基于多式联运运输结构调整的内陆港多周期选址研究［D］. 大连：大连海事大学.

颜瑞，陈立双，朱晓宁，等，2022. 考虑区域限制的卡车搭载无人机车辆路径问题研究［J］. 中国管理科学，30（5）：144-155.

张庆华，吴光谱，2020. 带时间窗的同时取送货车辆路径问题建模及模因求解算法［J］. 计算机应用，40（4）：1097-1103.

张旭，袁旭梅，降亚迪，2021. 需求与碳交易价格不确定下多式联运路径优化［J］. 系统工程理论与实践，41（10）：2609-2620.

张诸俊，2014. 异构车辆路径问题近似算法的研究［D］. 上海：华东师范大学.

邹高祥，杨斌，朱小林，2018. 考虑模糊需求的低碳多式联运运作优化［J］. 计算机应用与软件，35（10）：94-99.

邹奕奕，2020. 考虑客户需求优先级的 LNG 罐箱多式联运路径优化研究［D］. 大连：大连海事大学.

Agatz N，Bouman P，Schmidt M，2018. Optimization approaches for the traveling salesman problem with drone［J］. Transportation Science，52（4）：965-981.

Agra A，Christiansen M，Delgado A，et al.，2015. A maritime inventory routing problem with stochastic sailing and port times [J]. Computers & Operations Research, Pergamon, 61: 18 - 30.

Al - Haidous S, Msakni M K, Haouari M, 2016. Optimal planning of liquefied natural gas deliveries [J]. Transportation Research Part C: Emerging Technologies, 69: 79 - 90.

Almi'ani K, Selvadurai S, Viglas A, 2008. Periodic mobile multi - gateway scheduling [C]. In: 2008 Ninth International Conference on Parallel and Distributed Computing, Applications and Technologies. IEEE: 195 - 202.

Alvarez J A L, Buijs P, Deluster R, et al., 2020. Strategic and operational decision - making in expanding supply chains for LNG as a fuel [J]. Omega, 97: 102093.

An Y J, Kim Y D, Jeong B J, et al., 2012. Scheduling healthcare services in a home healthcare system [J]. Journal of the Operational Research Society, 63 (11): 1589 - 1599.

Anderluh A, Hemmelmayr V C, Nolz P C, 2017. Synchronizing vans and cargo bikes in a city distribution network [J]. Central European Journal of Operations Research, 25 (2): 345 - 376.

Anderluh A, Nolz P C, Hemmelmayr V C, et al., 2021. Multi - objective optimization of a two - echelon vehicle routing problem with vehicle synchronization and 'grey zone' customers arising in urban logistics [J]. European Journal of Operational Research, 289 (3): 940 - 958.

Andersson H, Christiansen M, Desaulniers G, 2016. A new decomposition algorithm for a liquefied natural gas inventory routing problem [J]. International Journal of Production Research, 54 (2): 564 - 578.

Andersson H, Christiansen M, Desaulniers G, et al., 2017. Creating annual delivery programs of liquefied natural gas [J]. Optimization and Engineering, 18 (1): 299 - 316.

Angelelli E, Grazia Speranza M, 2002. The periodic vehicle routing problem with intermediate facilities [J]. European Journal of Operational Research, 137 (2): 233 - 247.

Archetti C, Bouchard M, Desaulniers G, 2011. Enhanced branch and price and cut for vehicle routing with split deliveries and time windows [J]. Transportation Science, 45 (3): 285 - 298.

Archetti C, Peirano L, Speranza M G, 2022. Optimization in multimodal freight transportation problems: A Survey [J]. European Journal of Operational Research, 299 (1): 1 - 20.

Archetti C, Speranza M G, 2008. The Vehicle Routing Problem: Latest Advances and New Challenges [M]. Boston: Springer.

Augerat P, Naddef D, Belenguer J, et al., 1995. Computational results with a branch and cut code for the capacitated vehicle routing problem [R]. ETDEWEB.

Austbø B, Løvseth S, Gundersen T, 2014. Annotated bibliography: Use of optimization in LNG process design and operation [J]. Computers & Chemical Engineering, 71: 391 - 414.

Baldacci R, Bartolini E, Mingozzi A, et al., 2011. An exact algorithm for the period routing problem [J]. Operations research, 59: 228 - 241.

Baldacci R, Mingozzi A, 2009. A unified exact method for solving different classes of vehicle routing problems [J]. Mathematical Programming, 120 (2): 347 - 380.

Baldacci R, Mingozzi A, Roberti R, et al., 2013. An exact algorithm for the two - echelon capacitated vehicle routing problem [J]. Operations Research, 61 (2): 298 - 314.

Banerjea - Brodeur M, Cordeau J F, Laporte G, et al., 1998. Scheduling linen deliveries in a large hospital [J]. The Journal of the Operational Research Society, 49 (8): 777 - 780.

Bayram V, Yaman H, 2018. Shelter location and evacuation route assignment under uncertainty: A benders decomposition approach [J]. Transportation Science, 52 (2): 416 - 436.

Belieres S, Hewitt M, Jozefowiez N, et al., 2020. A Benders decomposition - based approach for logistics service network design [J]. European Journal of Operational Research, 286 (2): 523 - 537.

Beltrami E J, Bodin L D, 1974. Networks and vehicle routing for municipal waste collection [J]. Networks, 4 (1): 65 - 94.

Ben - Ameur W, Neto J, 2007. Acceleration of cutting - plane and column generation algorithms: Applications to network design [J]. Networks, 49 (1): 3 - 17.

Benavent E, Martínez A, 2013. Multi - depot Multiple TSP: a polyhedral study and computational results [J]. Annals of Operations Research, 207 (1): 7 - 25.

Benders J F, 1962. Partitioning procedures for solving mixed - variables programming problems [J]. Numerische Mathematik, 4: 238 - 252.

Bettinelli A, Ceselli A, Righini G, 2011. A branch - and - cut - and - price algorithm for the multi - depot heterogeneous vehicle routing problem with time windows [J]. Transportation Research Part C：Emerging Technologies，19 (5)：723 - 740.

Bevilaqua A，Bevilaqua D，Yamanaka K，2019. Parallel island based Memetic Algorithm with Lin - Kernighan local search for a real - life Two - Echelon Heterogeneous Vehicle Routing Problem based on Brazilian wholesale companies [J]. Applied Soft Computing，76：697 - 711.

Bittante A，Jokinen R，Krooks J，et al.，2017. Optimal design of a small - scale lng supply chain combining sea and land transports [J]. Industrial & Engineering Chemistry Research，56：13434 - 13443.

Blakeley F，Argüello B，Cao B，et al.，2003. Optimizing periodic maintenance operations for schindler elevator corporation [J]. Interfaces，INFORMS，33 (1)：67 - 79.

Braekers K，Caris A，Janssens G K，2014. Exact and meta - heuristic approach for a general heterogeneous dial - a - ride problem with multiple depots [J]. Transportation Research Part B：Methodological，67：166 - 186.

Brandão J，2020. A memory - based iterated local search algorithm for the multi - depot open vehicle routing problem [J]. European Journal of Operational Research，284 (2)：559 - 571.

Bräysy O，Gendreau M，2005. Vehicle routing problem with time windows，part i：Route construction and local search algorithms [J]. Transportation Science，39 (1)：104 - 118.

Bräysy O，Gendreau M，2005. Vehicle routing problem with time windows，part ii：Metaheuristics [J]. Transportation Science，39 (1)：119 - 139.

Caceres - Cruz J，Arias P，Guimarans D，et al.，2015. Rich vehicle routing problem：Survey [J]. ACM Computing Surveys，47 (2)：1 - 28.

Chao I M，1993. Algorithms and solutions to multi - level vehicle routing problems [D]. USA：University of Maryland at College Park.

Cheng C，Qi M，Wang X，et al.，2016. Multi - period inventory routing problem under carbon emission regulations [J]. International Journal of Production Economics，182：263 - 275.

Chiang W C，Russell R A，2004. Integrating purchasing and routing in a propane gas supply chain [J]. European Journal of Operational Research，154 (3)：710 - 729.

Claassen G D H, Hendriks Th H B, 2007. An application of Special Ordered Sets to a periodic milk collection problem [J]. European Journal of Operational Research, 180 (2): 754 - 769.

Contardo C, Cordeau J F, Gendron B, 2014. An exact algorithm based on cut - and - column generation for the capacitated location - routing problem [J]. INFORMS Journal on Computing, 26 (1): 88 - 102.

Contardo C, Martinelli R, 2014. A new exact algorithm for the multi - depot vehicle routing problem under capacity and route length constraints [J]. Discrete Optimization, 12: 129 - 146.

Cordeau J F, Gendreau M, Laporte G, 1997. A Tabu Search heuristic for periodic and multi - depot vehicle routing problems [J]. Networks, 30: 105 - 119.

Cordeau J F, Laporte G, Mercier A, 2001. A unified tabu search heuristic for vehicle routing problems with time windows [J]. Journal of the Operational Research Society, 52 (8): 928 - 936.

Crainic T G, Errico F, Rei W, et al., 2016. Modeling demand uncertainty in two - tier city logistics tactical planning [J]. Transportation Science, 50 (2): 559 - 578.

Crainic T G, Mancini S, Perboli G, et al., 2012. Impact of generalized travel costs on satellite location in the two - echelon vehicle routing problem [J]. Procedia - Social and Behavioral Sciences, 39: 195 - 204.

Crainic T G, Perboli G, Mancini S, et al., 2010. Two - Echelon Vehicle Routing Problem: A satellite location analysis [J]. Procedia - Social and Behavioral Sciences, 2: 5944 - 5955.

Cuda R, Guastaroba G, Speranza M G, 2015. A survey on two - echelon routing problems [J]. Computers & Operations Research, 55: 185 - 199.

Cui Z, Long D Z, Qi J, et al., 2023. The Inventory routing problem under uncertainty [J]. Operations Research, 71 (1): 378 - 395.

Dantzig G B, Wolfe P, 1960. Decomposition principle for linear programs [J]. Operations Research, 8 (1): 101 - 111.

Dantzig G, Ramser R, 1959. The Truck dispatching problem [J]. Management Science, 6 (1): 80 - 91.

Dayarian I，Crainic T G，Gendreau M，et al.，2016. An adaptive large - neighborhood search heuristic for a multi - period vehicle routing problem [J]. Transportation Research Part E：Logistics and Transportation Review，95：95 - 123.

Dellaert N，Dashty Saridarq F，Van Woensel T，et al.，2019. Branch - and - price - based algorithms for the two - echelon vehicle routing problem with time windows [J]. Transportation Science，53 (2)：463 - 479.

Desaulniers G，2010. Branch - and - price - and - cut for the split - delivery vehicle routing problem with time windows [J]. Operations Research，58 (1)：179 - 192.

Desaulniers G，Desrosiers J，Solomon M M，2005. Column generation [M]. Boston：Springer.

Detti P，Papalini F，de Lara G Z M，2017. A multi - depot dial - a - ride problem with heterogeneous vehicles and compatibility constraints in healthcare [J]. Omega，70：1 - 14.

Dror M，Trudeau P，1989. Savings by split delivery routing [J]. Transportation Science，23 (2)：141 - 145.

Dumez D，Tilk C，Irnich S，et al.，2023. A matheuristic for a 2 - echelon vehicle routing problem with capacitated satellites and reverse flows [J]. European Journal of Operational Research，305 (1)：64 - 84.

Francis P，Smilowitz K，Tzur M，2006. The period vehicle routing problem with service choice [J]. Transportation Science，40：439 - 454.

Ghiami Y，Demir E，Van Woensel T，et al.，2019. A deteriorating inventory routing problem for an inland liquefied natural gas distribution network [J]. Transportation Research Part B：Methodological，126：45 - 67.

Glover F，Laguna M，1998. Tabu Search [M]. Handbook of Combinatorial Optimization. Boston：Springer.

Gonzalez - Feliu J，Perboli G，Tadei R，et al.，2008. The two - echelon capacitated vehicle routing problem [D]. Italy：University of Bologna.

Grangier P，Gendreau M，F Lehuédé，et al.，2016. An adaptive large neighborhood search for the two - echelon multiple - trip vehicle routing problem with satellite synchronization [J]. European Journal of Operational Research，254 (1)：80 - 91.

Grønhaug R，Christiansen M，2009. Supply Chain Optimization for the Liquefied Natural

Gas Business [J]. Innovations in Distribution Logistics, 619: 195-218.

Guimarans D, Herrero R, Riera D, et al., 2011. Combining probabilistic algorithms, Constraint Programming and Lagrangian Relaxation to solve the Vehicle Routing Problem [J]. Annals of Mathematics and Artificial Intelligence, 62 (3): 299-315.

Halvorsen-Weare E E, Fagerholt K, 2013. Routing and scheduling in a liquefied natural gas shipping problem with inventory and berth constraints [J]. Annals of Operations Research, 203 (1): 167-186.

Hashimoto H, Ibaraki T, Imahori S, et al., 2006. The vehicle routing problem with flexible time windows and traveling times [J]. Discrete Applied Mathematics, 154 (16): 2271-2290.

Hashimoto H, Yagiura M, Ibaraki T, 2008. An iterated local search algorithm for the time-dependent vehicle routing problem with time windows [J]. Discrete Optimization, 5 (2): 434-456.

Hemmelmayr V C, Doerner K F, Hartl R F, 2009. A variable neighborhood search heuristic for periodic routing problems [J]. European Journal of Operational Research, 195 (3): 791-802.

Hemmelmayr V, Doerner K F, Hartl R F, et al., 2013. A heuristic solution method for node routing based solid waste collection problems [J]. Journal of Heuristics, 19 (2): 129-156.

Hoff A, Gribkovskaia I, Laporte G, et al., 2009. Lasso solution strategies for the vehicle routing problem with pickups and deliveries [J]. European Journal of Operational Research, 192 (3): 755-766.

Holland J, 1975. Adoption in Natural and Artificial System [M]. The University of Michigan Press.

Ibaraki T, Kubo M, Masuda T, et al., 2002. Effective local search algorithms for the vehicle routing problem with general time window constraints [J]. Transportation Science, 39 (2): 206-232.

Inghels D, Dullaert W, Vigo D, 2016. A service network design model for multimodal municipal solid waste transport [J]. European Journal of Operational Research, 254 (1): 68-79.

Jabir E, Panicker V V, Sridharan R, 2017. Design and development of a hybrid ant colony - variable neighbourhood search algorithm for a multi - depot green vehicle routing problem [J]. Transportation Research Part D: Transport and Environment, 57: 422 - 457.

Jang W, Lim H H, Crowe T J, et al., 2006. The missouri lottery optimizes its scheduling and routing to improve efficiency and balance [J]. Interfaces, 36 (4): 302 - 313.

Jepsen M, Petersen B, Spoorendonk S, et al., 2008. Subset - row inequalities applied to the vehicle - routing problem with time windows [J]. Operations Research, 56 (2): 497 - 511.

Jepsen M, Spoorendonk S, Ropke S, 2013. A branch - and - cut algorithm for the symmetric two - echelon capacitated vehicle routing problem [J]. Transportation Science, 47: 23 - 37.

Jia S, Deng L, Zhao Q, et al., 2023. An adaptive large neighborhood search heuristic for multi - commodity two - echelon vehicle routing problem with satellite synchronization [J]. Journal of Industrial & Management Optimization, 19 (2): 1187 - 1210.

Jie W, Yang J, Zhang M, et al., 2019. The two - echelon capacitated electric vehicle routing problem with battery swapping stations: Formulation and efficient methodology [J]. European Journal of Operational Research, 272 (3): 879 - 904.

Jokinen R, Pettersson F, Saxén H, 2015. A MILP model for optimization of a small - scale LNG supply chain along a coastline [J]. Applied Energy, 138: 423 - 431.

Juan A A, Goentzel J, Bektaş T, 2014. Routing fleets with multiple driving ranges: Is it possible to use greener fleet configurations? [J]. Applied Soft Computing, 21: 84 - 94.

Karbassi Yazdi A, Kaviani M, Emrouznejad A, et al., 2019. A binary particle swarm optimization algorithm for ship routing and scheduling of liquefied natural gas transportation [J]. Transportation Letters, 12 (4): 223 - 232.

Kek A G H, Cheu R L, Meng Q, 2008. Distance - constrained capacitated vehicle routing problems with flexible assignment of start and end depots [J]. Mathematical and Computer Modelling, 47 (1 - 2): 140 - 152.

Khalilpour K, Karimi I, 2011. Selection of liquefied natural gas (LNG) Contracts for minimizing procurement cost [J]. Industrial & Engineering Chemistry Research, 50: 10298 - 10312.

Kuby M, Capar I, Kim J G, 2017. Efficient and equitable transnational infrastructure planning for natural gas trucking in the European Union [J]. European Journal of Operational Research, 257 (3): 979 - 991.

Kuo Y, Wang C C, 2012. A variable neighborhood search for the multi - depot vehicle routing problem with loading cost [J]. Expert Systems with Applications, 39: 6949 - 6954.

Lahrichi N, Crainic T G, Gendreau M, et al., 2015. An integrative cooperative search framework for multi - decision - attribute combinatorial optimization: Application to the MDPVRP [J]. European Journal of Operational Research, 246 (2): 400 - 412.

Laporte G, 2007. What you should know about the vehicle routing problem [J]. Naval Research Logistics, 54 (8): 811 - 819.

Laporte G, 2009. Fifty years of vehicle routing [J]. Transportation Science, 43 (3): 408 - 416.

Laporte G, Nobert Y, Arpin D, 1984. Optimal solutions to capacitated multidepot vehicle routing problems [J]. Congressus Numerabtium, 44: 283 - 292.

Laporte G, Toth P, Vigo D, 2013. Vehicle routing: historical perspective and recent contributions [J]. EURO Journal on Transportation and Logistics, 2 (1): 1 - 4.

Larrain H, Coelho L C, Archetti C, et al., 2019. Exact solution methods for the multi - period vehicle routing problem with due dates [J]. Computers & Operations Research, 110: 148 - 158.

Lespay H, Suchan K, 2022. Territory design for the multi - period vehicle routing problem with time windows [J]. Computers & Operations Research, 145: 105866.

Li H, Liu Y, Jian X, et al., 2018. The two - echelon distribution system considering the real - time transshipment capacity varying [J]. Transportation Research Part B: Methodological, 110: 239 - 260.

Li J, Li Y, Pardalos P M, 2016. Multi - depot vehicle routing problem with time windows under shared depot resources [J]. Journal of Combinatorial Optimization, 31 (2): 515 - 532.

Li X, Li P, Zhao Y, et al., 2021. A hybrid large neighborhood search algorithm for solving the multi depot UAV swarm routing problem [J]. IEEE Access, 9: 115 - 126.

Liu C, Yu J, 2013. Multiple depots vehicle routing based on the ant colony with the genetic algorithm [J]. Journal of Industrial Engineering and Management, 6 (4): 1013 - 1026.

Liu S C，Lu M C，Chung C H，2016. A hybrid heuristic method for the periodic inventory routing problem [J]. The International Journal of Advanced Manufacturing Technologies，85：2345－2352.

Mancini S，2016. A real－life multi depot multi period vehicle routing problem with a heterogeneous fleet：Formulation and adaptive large neighborhood search based matheuristic [J]. Transportation Research Part C：Emerging Technologies，70：100－112.

Matos A C，Oliveira R C，2004. An experimental study of the ant colony system for the period vehicle routing problem [C]. In：Ant Colony Optimization and Swarm Intelligence：4th International Workshop，Proceedings 4：286－293.

Mhamedi T，Andersson H，Cherkesly M，et al.，2022. A branch－price－and－cut algorithm for the two－echelon vehicle routing problem with time windows [J]. Transportation Science，56 (1)：245－264.

Mourgaya M，Vanderbeck F，2007. Column generation based heuristic for tactical planning in multi－period vehicle routing [J]. European Journal of Operational Research，183 (3)：1028－1041.

Msakni M K，Haouari M，2018. Short－term planning of liquefied natural gas deliveries [J]. Transportation Research Part C：Emerging Technologies，90：393－410.

Mutlu F，Msakni M K，Yildiz H，et al.，2016. A comprehensive annual delivery program for upstream liquefied natural gas supply chain [J]. European Journal of Operational Research，250 (1)：120－130.

Mühlbauer F，Fontaine P，2021. A parallelised large neighbourhood search heuristic for the asymmetric two－echelon vehicle routing problem with swap containers for cargo－bicycles [J]. European Journal of Operational Research，289 (2)：742－757.

Nossack J，Pesch E，2013. A truck scheduling problem arising in intermodal container transportation [J]. European Journal of Operational Research，230 (3)：666－680.

Nuortio T，Kytojoki J，Niska H，et al.，2006. Improved route planning and scheduling of waste collection and transport [J]. Expert Systems with Applications，30 (2)：223－232.

Papadakos N，2008. Practical enhancements to the Magnanti－Wong method [J]. Operations Research Letters，36 (4)：444－449.

Pecin D，Pessoa A，Poggi M，et al.，2017. Improved branch－cut－and－price for capacitated vehicle routing [J]. Mathematical Programming Computation, 9 (1): 61 - 100.

Perboli G, Tadei R, Tadei R, 2010. New families of valid inequalities for the two - echelon vehicle routing problem [J]. Electronic Notes in Discrete Mathematics, 36: 639 - 646.

Perboli G, Tadei R, Vigo D, 2011. The two - echelon capacitated vehicle routing problem: Models and math - based heuristics [J]. Transportation Science, 45 (3): 364 - 380.

Poikonen S, Golden B, Wasil E A, 2019. A branch - and - bound approach to the traveling salesman problem with a drone [J]. INFORMS Journal on Computing, 31 (2): 335 - 346.

Polacek M, Hartl R F, Doerner K, et al., 2004. A variable neighborhood search for the multi depot vehicle routing problem with time windows [J]. Journal of Heuristics, 10 (6): 613 - 627.

Poudel S R, Marufuzzaman M, Bian L, 2016. A hybrid decomposition algorithm for designing a multi - modal transportation network under biomass supply uncertainty [J]. Transportation Research Part E: Logistics and Transportation Review, 94: 1 - 25.

Prins C, 2004. A simple and effective evolutionary algorithm for the vehicle routing problem [J]. Computers & Operations Research, 31 (12): 1985 - 2002.

Qin L, Miao L, Ruan Q, et al., 2014. A local search method for periodic inventory routing problem [J]. Expert Systems with Applications, 41 (2): 765 - 778.

Rakke J G, Stålhane M, Moe C R, et al., 2011. A rolling horizon heuristic for creating a liquefied natural gas annual delivery program [J]. Transportation Research Part C: Emerging Technologies, 19 (5): 896 - 911.

Ralphs T K, Kopman L, Pulleyblank W R, et al., 2003. On the capacitated vehicle routing problem [J]. Mathematical Programming, 94 (2): 343 - 359.

Renaud J, Laporte G, Boctor F F, 1996. A tabu search heuristic for the multi - depot vehicle routing problem [J]. Computers & Operations Research, 23 (3): 229 - 235.

Rodriguez - Martin I, Salazar González J J, Yaman H, 2018. The periodic vehicle routing problem with driver consistency [J]. European Journal of Operational Research, 273 (2): 575 - 584.

Ropke S, Pisinger D, 2014. An adaptive large neighborhood search heuristic for the pickup and delivery problem with time windows [J]. Transportation Science, 40 (4): 455 - 472.

Rusdiansyah A, Tsao D, 2005. An integrated model of the periodic delivery problems for vending - machine supply chains [J]. Journal of Food Engineering, 70 (3): 421 - 434.

Ruseell R, lgo W, 1979. An assignment routing problem [J]. Networks, 9: 1 - 17.

Ríos - Mercado R Z, Borraz - Sánchez C, 2015. Optimization problems in natural gas transportation systems: A state - of - the - art review [J]. Applied Energy, 147: 536 - 555.

Saffarian M, Niksirat M, Kazemi S M, 2021. A hybrid genetic - simulated annealing - auction algorithm for a fully fuzzy multi - period multi - depot vehicle routing problem [J]. International Journal of Supply and Operations Management, Kharazmi University, 8 (2): 96 - 113.

Şahin M K, Yaman H, 2022. A branch and price algorithm for the heterogeneous fleet multi - depot multi - trip vehicle routing problem with time windows [J]. Transportation Science, 56 (6): 1636 - 1657.

Salhi S, Imran A, Wassan N A, 2014. The multi - depot vehicle routing problem with heterogeneous vehicle fleet: Formulation and a variable neighborhood search implementation [J]. Computers & Operations Research, 52: 315 - 325.

Santos F A, da Cunha, A S, Mateus G R, 2013. Branch - and - price algorithms for the two - echelon capacitated vehicle routing problem [J]. Optimization lettevs, 7: 1537 - 1547.

Santos F A, Mateus G R, da Cunha A S, 2015. A branch - and - cut - and - price algorithm for the two - echelon capacitated vehicle routing problem [J]. Transportation Science, 49 (2): 355 - 368.

Shao S, Lai K K, Ge B, 2023. A multi - period inventory routing problem with procurement decisions: a case in China [J]. Annals of Operations Research, 324: 1527 - 1555.

Shao Y, Furman K C, Goel V, et al., 2015. A hybrid heuristic strategy for liquefied natural gas inventory routing [J]. Transportation Research Part C: Emerging Technologies, 53 (4): 151 - 171.

Shih L H, Chang H C, 2001. A routing and scheduling system for infectious waste collection [J]. Environmental Modeling & Assessment, 6 (4): 261 - 269.

Shih L H, Lin Y T, 1999. Optimal routing for infectious waste collection [J]. Journal of Environmental Engineering - ASCE, 125 (5): 479 - 484.

Sluijk N, Florio A M, Kinable J, et al., 2023. Two - echelon vehicle routing problems:

A literature review [J]. European Journal of Operational Research, 304 (3): 865 - 886.

Song L, Gu H, Huang H, 2017. A lower bound for the adaptive two - echelon capacitated vehicle routing problem [J]. Journal of Combinatorial Optimization, 33 (4): 1145 - 1167.

Song W, Yuan S, Yang Y, et al., 2022. A study of community group purchasing vehicle routing problems considering service time windows [J]. Sustainability, 14 (12): 1 - 17.

SteadieSeifi M, Dellaert N P, Nuijten W, et al., 2014. Multimodal freight transportation planning: A literature review [J]. European Journal of Operational Research, 233 (1): 1 - 15.

Stenger A, Vigo D, Enz S, et al., 2013. An adaptive variable neighborhood search algorithm for a vehicle routing problem arising in small package shipping [J]. Transportation Science, 47: 64 - 80.

Stodola P, 2020. Hybrid ant colony optimization algorithm applied to the multi - depot vehicle routing problem [J]. Natural Computing, 19 (2): 463 - 475.

Stålhane M, Rakke J G, Moe C R, et al., 2012. A construction and improvement heuristic for a liquefied natural gas inventory routing problem [J]. Computers & Industrial Engineering, 62 (1): 245 - 255.

Subramanian A, Penna P H V, Uchoa E, et al., 2012. A hybrid algorithm for the Heterogeneous Fleet Vehicle Routing Problem [J]. European Journal of Operational Research, 221 (2): 285 - 295.

Subramanyam A, Mufalli F, Laínez - Aguirre, et al., 2021. Robust multiperiod vehicle routing under customer order uncertainty [J]. Operations Research, 69 (1): 30 - 60.

Talbi E G, 2009 Metaheuristics: From design to implementation [M]. New York: John Wiley & Sons.

Toth P, Vigo D I, 2002. The Vehicle Routing Problem [M]. Society for Industrial and Applied Mathematics.

Van Hentenryck P, 1989. Constraint Satisfaction in Logic Programming [M]. MIT Press.

Vasconcelos A D, Nassi C D, Lopes L A S, 2011. The uncapacitated hub location problem in networks under decentralized management [J]. Computers & Operations Research, 38 (12): 1656 - 1666.

Vidal T, Crainic T G, Gendreau M, et al., 2012. A hybrid genetic algorithm for multidepot and periodic vehicle routing problems [J]. Operations Research, 60: 611 - 624.

Vidal T, Crainic T G, Gendreau M, et al., 2013. A hybrid genetic algorithm with adaptive diversity management for a large class of vehicle routing problems with time - windows [J]. Computers & Operations Research, 40 (1): 475 - 489.

Wang C, Guo C, Zuo X, 2021. Solving multi - depot electric vehicle scheduling problem by column generation and genetic algorithm [J]. Applied Soft Computing, 112: 107774.

Wang K, Shao Y, Zhou W, 2017. Matheuristic for a two - echelon capacitated vehicle routing problem with environmental considerations in city logistics service [J]. Transportation Research Part D: Transport and Environment, 57: 262 - 276.

Wang S, Zhu X, Shang P, et al., 2024. Two - echelon multi - commodity multimodal vehicle routing problem considering user heterogeneity in city logistics [J]. Expert Systems with Applications, 252: 124141.

Wang Y, Wang L, Chen G, et al., 2020. An improved ant colony optimization algorithm to the periodic vehicle routing problem with time window and service choice [J]. Swarm and Evolutionary Computation, 55: 100675.

Wang Y, Zhang S, Assogba K, et al., 2018. Economic and environmental evaluations in the two - echelon collaborative multiple centers vehicle routing optimization [J]. Journal of Cleaner Production, 197: 443 - 461.

Wang Z, Wen P, 2020. Optimization of a low - carbon two - echelon heterogeneous - fleet vehicle routing for cold chain logistics under mixed time window [J]. Sustainability, 12 (5): 1 - 22.

Wasil G, 1987. Computerized vehicle routing in the soft drink industry [J]. Operations Research, 35 (1): 6 - 17.

Wu Z, Zhang J, 2023. A branch - and - price algorithm for two - echelon electric vehicle routing problem [J]. Complex & Intelligent Systems, 9 (3): 2475 - 2490.

Yu B, Shan W, Sheu J B, et al., 2022. Branch - and - price for a combined order selection and distribution problem in online community group - buying of perishable products [J]. Transportation Research Part B: Methodological, 158: 341 - 373.

Yücenur G N, Demirel N Ç, 2011. A new geometric shape - based genetic clustering algorithm for the multi - depot vehicle routing problem [J]. Expert Systems with Applications, 38 (9): 11859 - 11865.

Zhang G, Shang J, Yildirim P, 2016. Optimal pricing for group buying with network effects [J]. Omega, 63: 69 - 82.

Zhang Y, Wang S, Phillips P, et al., 2014. Binary PSO with mutation operator for feature selection using decision tree applied to spam detection [J]. Knowledge - Based Systems, 64: 22 - 31.

Zhou G, Li D, Bian J, et al., 2024. Two - echelon time - dependent vehicle routing problem with simultaneous pickup and delivery and satellite synchronization [J]. Computers & Operations Research, 167: 106600.

Zhou H, Qin H, Zhang Z, et al., 2022. Two - echelon vehicle routing problem with time windows and simultaneous pickup and delivery [J]. Soft Computing, 26 (7): 3345 - 3360.

Zhou L, Baldacci R, Vigo D, et al., 2018. A multi - depot two - echelon vehicle routing problem with delivery options arising in the last mile distribution [J]. European Journal of Operational Research, 265 (2): 765 - 778.